高等院校工业设计专业"十二五"创新规划教材

丛书主编 杜海滨

工业设计
应用人机工程学

胡海权 编著

辽宁科学技术出版社

沈 阳

图书在版编目（CIP）数据

工业设计应用人机工程学 / 胡海权编著. —沈阳：
辽宁科学技术出版社，2013.4（2020.3 重印）
　ISBN 978-7-5381-7739-8

　Ⅰ.①工… 　Ⅱ.①胡… 　Ⅲ.①人-机系统—应用—工
业设计 　Ⅳ.①TB47-39

中国版本图书馆CIP数据核字（2012）第253825号

出版发行：辽宁科学技术出版社
　　　　　（地址：沈阳市和平区十一纬路29号 　邮编：110003）
印 刷 者：辽宁新华印务有限公司
经 销 者：各地新华书店
幅面尺寸：215mm×225mm
印　　张：7.2
字　　数：210 千字
印　　数：13001-15000
出版时间：2013年 4 月第 1 版
印刷时间：2020 年 3 月第 7 次印刷
责任编辑：于天文
责任校对：栗　勇

书　　号：ISBN 978-7-5381-7739-8
定　　价：45.00元

联系电话：024-23284740
邮购热线：024-23284502
E-mail：mozi4888@126.com
http://www.lnkj.com.cn

序言

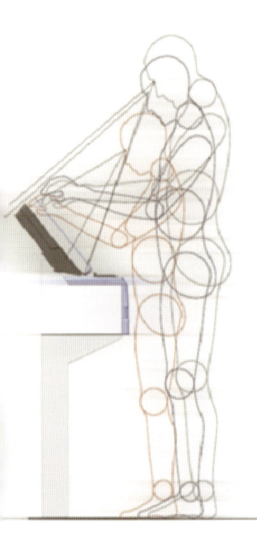

时至今日，工业设计教育及人才培养在我国高等院校中从无到有，从萌芽到茁壮成长已经历了半个多世纪。但就某种设计教学模式来判断成功与否是很难的，也是很抽象的。因为设计也好、教学也罢，是一个完整的、动态的、多元的实践过程，人才培养理所当然地成为这一过程的先行者，实在不好定义哪一种模式好或不好。加之老师对教学的理解和课程的把握随着时间、地域和学苗不同也会以不同的方式方法加以应对，其评价或引导一定是多角度和全方位的。就基础教育而言，教师无疑是教学的主导者，是研究规律和章法的实践者。所谓章法就是寻求在某种限定下的无限可能性，也就是我们经常说的举一反三，以不变应万变的道理。比如我们经常在教学中对学生说"好看"和"好用"在工业设计的功能和审美范畴内是一种既对立又统一的矛盾体，孤立地强调任何一方都是片面或不完整的。教学的责任就是要在诸如此类的问题中间和学生共同探究，搭建起一种合情合理的人与物之间的和谐的关系。以便在各种技术、工艺、材料和审美要素中找到最基本的解决问题的求证方法，设计出适合于为人使用的产品。否则，若以"为用而用"或"为看而看"为前提的话，就不能称之为工业设计教育了。有谁愿意接受一个只能用而不好看甚至缺少人情味的产品呢？再如有经验的老师会在教学中把这样的问题放在同一个宏观目标下组织教学，营造一种如同我中有你，你中有我一样的共生关系和氛围。引导学生从课题限定、功能属性、服务人群等基本面多加思考，尽可能多地拿出解决问题的途径，如"换一种方式还能保持'好用'吗？""换一种材质还能保持'好看'吗？""新形式与新用途的存在或形成是否会更有益于使用者？""是否会产生新的问题反过来危及使用者？"等等如此这般的用心良苦，目的是让学生始终或经常保持一种原发的、动态的、开放的思维状态，在变化中去追寻本质寻找更多的可能性和可行性。说到底就是在变量中激活足够多的原创想法和捕捉到足够多的创新答案，而不是平庸的答案，更不是唯一的答案。诚然，上述之例无非要归结到基础教学的原点，这方面我们虽有好的经验但也不乏教训之谈，诸如"揠苗助长""追捧速成""直取结果"等，都是轻视基础悖于规律只要结果不顾过程的不作为。这种将基础误读为旁枝末节的短视做法是导致上述后果的直接原由。应当承认基础教学一路走来实属不易，由于对

专业不能产生直接效果，或被压缩或被淡出以致让从教者为之困惑与忧虑。俗称"千里之堤，溃于蚁穴""千里之行，始于足下""沙滩上建不起高楼大厦"以及当下流传的"不要让我们的孩子输在起跑线上"等时尚说法，其真实含义都是在告诫我们无论从事何种专业，打好基础才是硬道理，是成功的关键所在。正是出于对这样一种背景的思考和责任心，让我们看到了目前国内许多院校均以自身的学术背景、学科定位及教学特点从各自角度不遗余力地探索新的基础教学理念和教材改革。为此，我们再一次从设计基础教学入手，把它作为艺术设计教育的聚焦点并以此为动力，发挥高校优势，整合学科资源，推广教学成果，创新教材建设，会合了多所院校基础教学团队和主力教师全力投入该教材的编写工作。相信该丛书的出版，将会在目前基础教学基础上融入更丰厚的知识内容，为设计人才的培养提供更广阔的实践平台。值得一提的是，本丛书筹备之初即确定了三个方面的编写要义，一是关注基础教学的前沿动态、吸收最新教学成果，使之相互吸纳、持续拓展；二是力求体现教材的基础性、规律性和融合度，兼顾各章节知识节点的有效衔接；三是注重过程、发现规律、掌握方法。深入感悟和探询设计基础与实践创新的必然联系。该丛书是集体合作之著，全体作者为之付出了相当大的努力。由于时间、学识所限，其中难免存在不足和缺失之处。在此，我们期望各方专家、读者和学生多提宝贵意见，以便今后补充和完善。

二〇一三年元月于鲁迅美术学院

前言

近年来，国内先后出版了不少人机工程学方面的著作，其中多数属知识型读物。而专门为工业设计专业编写的人机工程学教材少之又少，多数没有实际的参考价值。伴随设计环境的改变，学科内越来越关注"具象"的元素，那种告诉人家"大理论"的东西，已经走进历史了。同过去相比，消费者对产品设计质量的要求越来越高，关注点也转移到设计的细节上、是否符合人的生理及心理舒适性上。这就要求产品设计人员在未来的产品设计中倾注更多的精力以处理好人机关系。本书从产品设计人员的实际需要出发，除介绍人机工程学方面的有关知识以外，还力求突出以下几点：
1. 强调人机工程学理论与产品设计实践的结合。以往的一些人机工程学著作较为全面系统地介绍了这门学科的基础知识，但在如何运用这些知识指导产品的设计方面则论述得较少。本书力图在人机工程学的理论与产品设计实践之间建起一座桥梁。2. 强调从发现到解决产品中人机问题的程序和方法。设计师的工作性质决定了他要能够发现别人未曾注意到的人机问题，想出别人未曾想到的解决办法。唯有这样，才能使产品满足人们现实的和潜在的需要。那种"照数据宣科"的呆板的人机解决方案不是我们所推崇的。由此看来，现成的设计规范不仅不能成为产品设计的武器，有时反而变成束缚创造力的枷锁。唯一的解决办法，是让设计人员掌握一把提出人机问题、分析人机问题、解决人机问题的钥匙。基于这一目的，本书着重介绍了以工业设计思想为指导的解决人机问题的工作程序。这也是鲁迅美术学院工业设计系教学改革的课题之一。

本书试图换一种思路探索人机工程学的教学模式，强调其对于本学科的实效性，通过实验性的尝试，从失败与成功的案例中得出有效地学习人机工程学的原理与方法，扩展教学的途径，增强学生的工业设计技能。

教学内容安排与说明：
本课程的教学内容分为三个方面：一、人机工程学的相关知识讲授；二、调查与分析的开展；三、人机整合设计方案与实验。其中第一方面的教学时间约为1周，第二方面的教学时间约为3周，第三方面的教学时间约为2周。学生需要掌握一些人机工程学的基本理论知识来作为开展本课程的基础, 故本书的第一方面主要以人机理论阐述为主。但另一方面, 冗长繁复的理论很难被人接受, 因此理论的阐述要简洁明了, 辅以形象生动的图形语言, 并将理论转变为清楚明了的设计方法传授给学生, 使学生具备查找有关数据资料、解决具体的设计问题的能力。

为了真正让学生学以致用, 在本书的第二、三方面安排具体的设计训练: 调查与分析、制作与实验。具体地说, 调查与分析就是对生活中常见物品的使用情况进行调查和分析研究, 其意图是让学生在完成人机工程学的理论学习后重新审视生活中的物, 找到人机界面的优劣及造成这种差异的原因, 并试着加以改进。这一过程通常由市场调查 (包括拍照、收集资料等) 、PPT演示及说明、绘图、手工草模制作等工作组成。

制作与实验主要强调模型或真实产品的“手工制作”与“人机实验”过程。其中实体模型人机实验非常关键, 因为如果不能进行人机实验, 一切的设计评价都是虚假的。如此一来, 要在短短的两周时间内做一系列1:1的模型不是件简单的事, 因此最好不要挑选太大且不容易实现的产品。要求学生在亲身感受中不断调整、改进自己的设计模型, 让他人参与评价 (最好为目标人群) , 以达到使用舒适的目的; 对作业成果的评价由人机实验直接得出。

在这期间, 建议每5位同学为一个小组, 共同进行资料收集与方案改进、完成工作。由于一个主题可能涉及造型、材料、实现方法等诸多问题, 故每一位同学必须和其他组员通力合作, 才能最大限度发挥团队优势。最后, 每位同学独立完成一份A4文本, 将自己和团队完成的所有工作清楚表达并提交。相信, 通过本课题的训练, 学生的工业设计能力将会有不小的提升。

胡海权
2013年1月

目　录

第1章 工业设计应用人机工程学概念

工业设计应用人机工程学所研究的内容与人机工程学的研究内容在范畴上有区别。工业设计应用人机工程学更加关注工业设计领域内的应用方法，人机因素虽然是主体，但还是应考虑工业设计的其他因素，如成型的工艺、制造的成本、形态的考虑等；而人机工程学则是相对独立、完整的研究人机关系本身，不受其他因素干扰。研究、归纳、总结工业设计应用人机工程学的思路、方法正是本书的目标所在。研究学习工业设计应用人机工程学的最终目的是要解决设计中与人的使用相关联的各种问题。设计者应当学会协调有序的生活，不断勤奋地改善自己的生活环境与周围的事物，并把这样的协调有序带给他人。从这个意义上讲，人与物的关系无处不在，因此设计的含义也绝非是如何把产品通过设备制作出来这么简单。相反，我们在不断复制相似产品的同时，人们应该反思一下什么才是我们工作、生活中真正需要的。哪怕是一个很小的物件或是一个不被关注的使用场合都是人本关怀的极佳切入口。试想，身边的物真正全都很好地为我们所用，并且正确地体现着它们的含义吗？正如我们清楚地知道，一个再奢华的、镶满钻石的手机，它的功能也只是通话，设计的真正价值时常被轻视以至于未能更充分地发挥其应有的作用。

现今，设计的各个领域相互渗透，创新的着眼点不仅仅在于单独设计门类的深度探究上，亦包含对体现人本关怀的新型课题的深度思考。人机工程学可作为工业设计课题的切入点，这个设计的人机角度应该被关注，而这一点的核心在于解剖设计的流程并就其中人机因素的介入节点、开展的方法进行深入研究。工业设计应用人机工程学也从另一个侧面诠释了人机工程学适用领域的广泛性，如图1-1。

"设计"不只是对物的设计，亦是对工作方法与工作流程的设计。21世纪，人们对物的需求除了视觉效果外，还加大了对其他感知效果的要求，即听觉、嗅觉、味觉、触觉、心理本能等各种体验均被列入考虑之列，这是当今时代设计的发展趋势。多种要素的综合考虑是设计工作者遇到的崭新课题，它要求设计者依据不同的研究对象适时制定出与之相对应的实验方案与设计流程，如图1-2。

图1-1 "新型"的鼠标设计，并不是灵感一现而来，而是基于人手与臂的舒适角度

图1-2 整体厨台的设计，是在分析了动作的流程及人体尺度的基础上进行的

1.1　明确几个概念　▶

在工业设计领域内我们通常接触到一些与研究人机关系相关的、初学者容易混淆的概念，我们在此予以澄清。人机工程学是在不同领域、不同地方发展起来的，出于各领域的自身研究的目的，各自从自己研究角度来给人机学科命名和下定义，从而形成了名称的多样性。在美国被称为 "Human Engineering"（人类工程学）和 "Human Factors Engineering"（人的因素工程学）。而在欧洲则称为 "Ergonomics"（人类工效学或工效学）。在前苏联、日本则被称为 "Ergonomics"（人间工学）。我们可以看出，人机学按研究的内容大致可以分成两类，一是研究人、机、环境的；二是侧重研究人的。

1. 人机工程学（Human Factors Engineering）

人机工程学是研究 "人—机—环境" 系统中人、机、环境三大要素之间的关系，为解决该系统中人的工作效率、健康、安全等问题提供理论与方法的科学。

2. 工效学（Ergonomics）

工效学是一门多学科的活动，致力于收集有关人的能力的信息，并把这些信息用于设计工作、产品、工作场所和设备。

3. 工业设计应用人机工程学（Human Engineering in design）

在工业设计范畴内，以人机工程学研究为依据，同时需要考虑其他诸如成本、形态、制造、文化等因素的设计改善方法。

人机工程学和工效学这两个术语有时用作同义词，均描述操作者与所执行任务的需求之间的交互作用，而且都试图减少这种交互作用中不必要的负荷。然而，工效学传统上关注工作是如何影响人的。除了其他的许多研究外，工效学主要研究人对工作物理需求的生理反应；环境负荷因素诸如高温、噪声和照明；复杂的心理与运动组合的任务以及视觉监视任务。工效学的重点是通过设计工作任务降低疲劳，以使它们限于人工作能力范围之内的方法。与此不同，人机工程学领域传统上对人机界面或人因工程学更感兴趣, 如同在美国实践的那样。它关注人与设备及环境相互作用时的行为, 以及与产品和设备设计有关的人体尺寸和力量能力。人机工程学的研究的重点常放在 "机" 上, 即我们常说的工程设计上, 以减少人犯错误的潜在危险。人机工程学的根本研究方向是通过揭示和运用人、机、环境之间相互关系的规律, 以达到确保人机环境系统总体性能的最优化。

人—机—环境系统的整体属性不等于各部分内容的简单相加, 而是取决于系统的组织结构及系统内部的协同作用程度。因此, 本学科的研究内容应包括人、机、环境各因素, 特别是各因素之间的相互关系。我们可以把工业设计应用人机工程学看作是一种以人机工程学为研究对象的设计方法, 可能涉及的人机因素不是很 "专业", 作为工业设计师的我们毕竟不是人机工程学的研究者, 而是其应用者。

1.2 研究对象

▶ **1. 产品系统中人的因素**

人的因素包括:

①人体形态特征参数: 静态尺度与动态尺度。

②人体机械力学功能和机制: 人在各种姿态及运动状态下, 力量、体力、耐力、惯性、重心、运动速度等的规律。

③人的劳动生理特征: 体力劳动、脑力劳动、静态劳动及动态劳动的人体负荷反应与疲劳机制等。

④人的可靠性: 在正常情况下人失误的可能性和概率等。

⑤人的认知特性: 人对信息的感知、传递、存储、加工、决策、反应等规律。

⑥人的心理特性: 影响人心理活动的基础 (生理与环境基础)、动力系统 (需要、动机、价值观理念等)、个性系统 (人格与能力)、心理过程 (感知、记忆、学习、表象、思维、审美构成的认知, 情绪与情感意志或意动, 习惯与定势) 等。

人在以上各个方面的规律和特性是人—机—环境系统设计的基础, 这些研究为人机环境系统设计和改善以及制定有关标准提供了科学依据, 使设计的工作系统及机器、作业、环境都更好地适应人, 创造安全、健康、高

图1-3　人操作的系统显示

效和舒适的工作和生活条件，如图1-3。

2. 人机系统的总体设计

首先是人机功能的合理分配。人与机，都有各自的能力、优势与限度，如机器具有功率大、速度快、精度高、可靠性强和不会疲劳的优点，而人具有适应能力、思维能力和创造能力。需要根据各自的特点，设计能够取长补短、相互协调、相互配合的人机系统，如图1-4。

更为重要的是人机交互及人机界面的设计。人机的相互作用包括物质的、能量的与信息的等多种形式，其中人机之间的信息交互最为重要。人凭借感觉器官通过信息显示器获得关于机器的各种信息，经大脑的综合、分析、判断、决策后，再以效应器官对操纵控制器的作用将人的指令传送给机器，使机器按照人所期望的状态运行。机器在接受人的操作信息之后又通过一定的方式将其工作状态反馈于人，人根据反馈信息再对机器的状态做出进一步的控制或调整。信息的交互以人机界面为渠道，信息的输

图1-4　人（操作者的手）与机（控制器为手的设计部分）的相互协调、相互配合

入与输出都通过界面加以转换和传递。界面既包括硬件界面，如各种图形符号、仪表、信号灯、显示屏、音响装置等构成的信息显示器与各种键、钮、轮、把、柄、杆等构成的操纵控制器；也包括软件界面，如计算机程序界面等。人机工程学研究如何根据人的因素设计显示器与控制器，使显示器与人的感觉器官的特性相匹配，使控制器与人的效应器官的特性相匹配，以保证人、机之间的信息交换通畅、迅速、准确。

此外还包括系统的安全性和可靠性。人机系统已向高度精密、复杂和快速化发展，而这种系统的失效，将可能产生重大损失和严重后果。实践证明，系统的事故大多数是由人为失误造成的，而人的失误则是由人的不可靠性引起的。人机工程学主要研究人的可靠性、安全性及人为失误的特征和规律，寻找可能引起事故的人的主观因素；研究改进人机环境系统，通过主观与客观因素相互补充和协调，克服不安全因素，以减少系统中不可靠的劣化概率；研究分析发生事故的人、物、环境和管理等原因，提出预防事故和安全保护措施，搞好系统安全管理工作。

3. 研究作业场所设计和改善

作业场所设计包括作业空间设计、作业器具设计、作业场所总体布置。
人机工程学研究如何根据人的因素，设计和改善符合人因的作业场所，使人的作业姿势正确、作业范围适宜、作业条件合理，达到作业时安全可靠、方便高效、不易疲劳、舒适愉悦的目的。研究作业场所设计也是保护和有效利用人、发挥人的潜能的需要，如图1-5、图1-6。

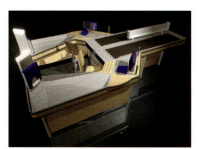
图1-5 超市的收银系统设计，充分考虑了人的作业姿势、活动范围、作业条件

作业环境包括：
①物理环境：照明、温度、湿度、噪声、振动、空气、粉尘、辐射、重力、磁场等。
②化学环境：化学污染等。
③生物环境：细菌污染及病原微生物污染等。
④美学环境：造型、色彩、背景音乐的感官效果。
⑤社会环境：社会秩序、人际关系、文化氛围、管理、教育、技术培训等。

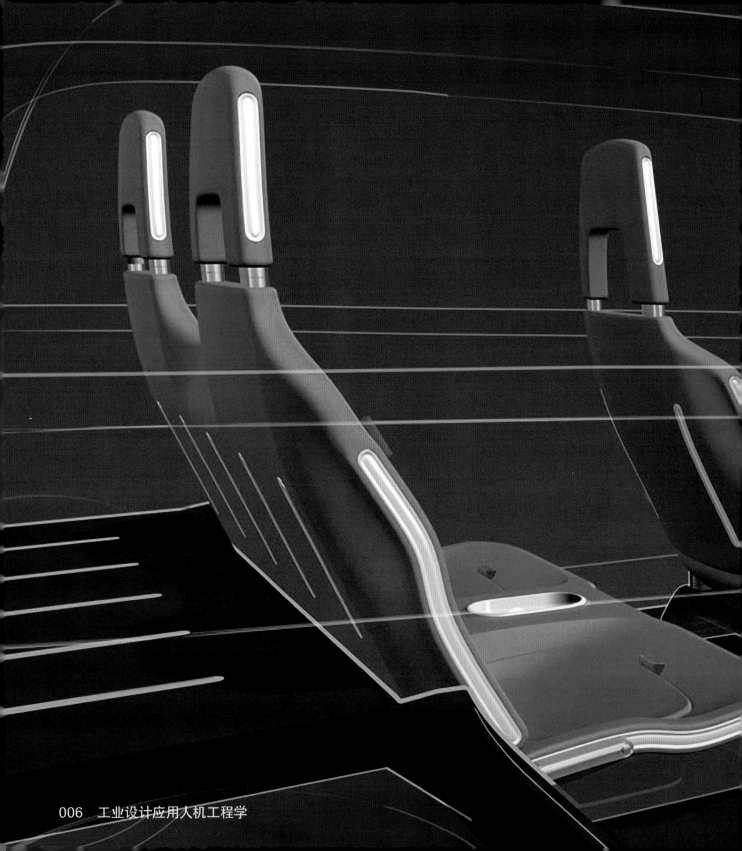

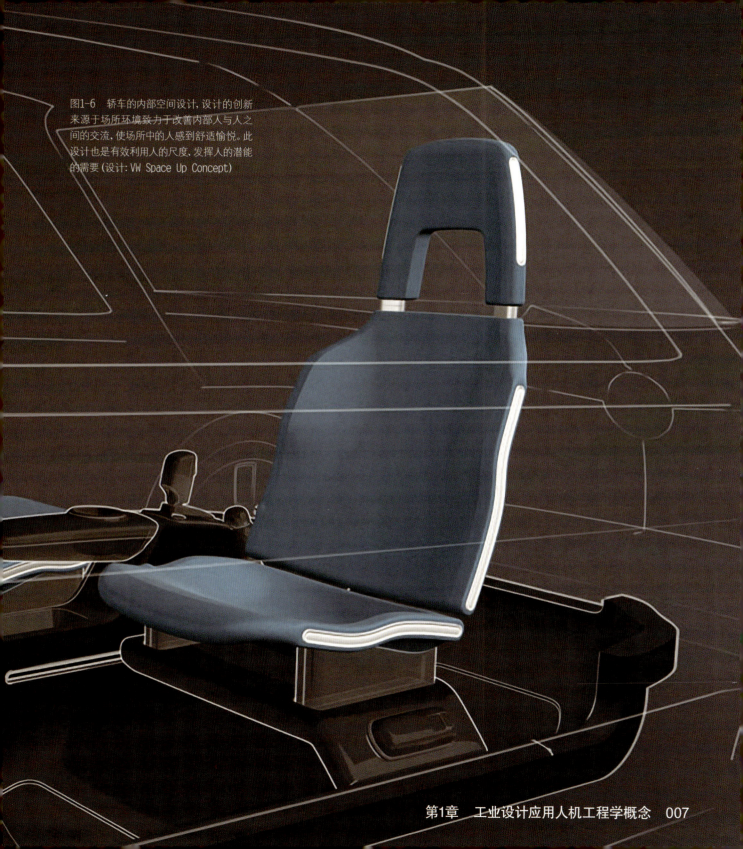

图1-6 轿车的内部空间设计。设计的创新来源于场所环境致力于改善内部人与人之间的交流，使场所中的人感到舒适愉悦。此设计也是有效利用人的尺度，发挥人的潜能的需要（设计：VW Space Up Concept）

人机工程学主要研究在各种环境下人的生理、心理反应，对工作和生活的影响；研究以人为中心的环境质量评价准则；研究控制、改善和预防不良环境的措施，使之适应人的要求。目的是为人创造安全、健康、舒适的作业环境，提高人的工作、生活质量，保证人机环境系统的高效率。

4. 作业研究及其改善

作业是人机关系的主要表现形式，人机工程学主要研究作业分析、动作经济原则、工作成效测量与评定等；研究人从事体力作业、技能作业和脑力作业时的生理与心理反应、工作能力及信息处理特点；研究作业时合理的负荷及耗能、工作与休息制度、作业条件、作业程序和方法；研究适宜作业的人机界面，除硬件机器外，还包括软件，如规则、标准、制度、技法、程序、说明书、图纸、网页等，都要与作业者的特性相适应。以上研究的目的是寻求经济省力、安全、有效的作业方法，消除无效劳动，减轻疲劳，合理利用人力和设备，提高系统的工作效率，如图1-7。

此外还包括组织与管理，主要研究克服人决策时在能力、动机、知识等相关信息方面的制约因素，建立合理的决策行为模式；研究改进生产或服务过程，为适应用户需要再造经营与作业流程，不断为产品与技术创新创

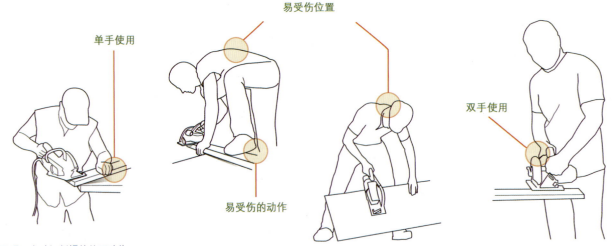

图1-7　电动切割锯的使用动作

造条件; 研究使复杂的管理综合化、系统化, 形成人与各种要素相互协调的作业流、信息流、物流等管理体系和方式; 研究人力资源中特殊人员的选拔、训练和能力开发, 改进对员工绩效的评定管理, 采取多重激励, 发挥人的潜能, 研究组织形式与部门界面, 便于员工参与管理和决策, 使员工行为与组织目标相适应, 加强信息沟通和各部门之间的综合协调。

综上所述, 作为一门跨越和交叉多个学科的边缘学科, 人机工程学的研究范畴非常广泛, 囊括了人、机、环境及其系统。从工业设计学科的角度来看, 更集中地关注基于人的因素而对机与环境的功能、结构、形态、空间、界面、材料、色彩、照明等要素做出的适宜人的设计。

1.3 工业设计应用人机工程学的学科意义

人机工程学的研究内容及其对于设计学科的作用可以概括为以下几方面:
为工业设计中考虑 "人的因素" 提供人体尺度参数: 应用人体测量学、人体力学、生理学、心理学等学科的研究方法, 对人体结构特征和机能特征进行研究, 提供人体各部分的尺寸、体重、体表面积、比重、重心以及人体各部分在活动时相互关系和可及范围等人体结构特征参数, 提供人体各部分的发力范围、活动范围、动作速度、频率、重心变化以及动作时惯性等动态参数, 分析人的视觉、听觉、触觉、嗅觉以及肢体感觉器官的机能特征, 分析人在劳动时的生理变化、能量消耗、疲劳程度以及对各种劳动负荷的适应能力, 探讨人在工作中影响心理状态的因素, 及心理因素对工作效率的影响等。

为工业设计中 "产品" 的功能合理性提供科学依据: 现代工业设计中, 如搞纯物质功能的创作活动, 不考虑人机工程学的需求, 那将是创作活动的失败。因此, 如何解决 "产品" 与人相关的各种功能的最优化, 创造出与人的生理和心理机能相协调的 "产品", 这将是当今工业设计中, 在功能问题上的新课题。人体工程学的原理和规律将是设计师在设计前必须考虑的问题。

为工业设计中考虑 "环境因素" 提供设计准则: 通过研究人体对环境中各

种物理因素的反应和适应能力，分析声、光、热、振动、尘埃和有毒气体等环境因素对人体的生理、心理以及工作效率的影响程序，确定了人在生产和生活活动中所处的各种环境的舒适范围和安全限度，从保证人体的健康、安全、舒适和高效出发，为工业设计方法中考虑"环境因素"提供了设计方法和设计准则。

以上几点充分体现了人机工程学为工业设计开拓了新的设计思路，并提供了独特的设计方法和理论依据。下列是从不同侧面来进行人机解决的案例，如图1-8~图1-10。

社会发展，技术进步，产品更新，生活节奏加快，这一切必然导致"产品"质量观的变化。人们将会更加重视"方便""舒适""可靠""价值""安全"和"效率"等方面的评价，人机工程学等边缘学科的发展和应用，也必定会将工业设计的水准提到人们所追求的那个崭新高度。

本章思考题：
(1) 工业设计应用人机工程学的概念、研究内容与方法是什么？
(2) 简述工业设计应用人机工程学的学科意义。
(3) 举出你认为使用存在人机关系方面不当的产品来，并进行初步分析。

图1-8 把手前面的"小突起"能很好地避免厨具上的食物与台面接触，是此设计的创新与吸引人之处。设计来源于对使用过程中遇到的人机问题的发现、分析与设计（设计：Gillian Westley）

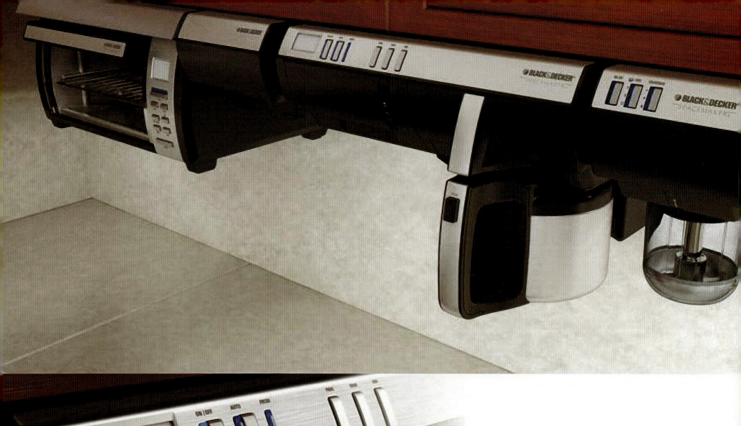

图1-9　此设计把微波炉、咖啡机、搅拌器等
厨房"台面上"的产品集成整合到橱柜下面，
这个创新的设计是解决厨房场所环境的拥挤
需求而来的(设计: black & decker)

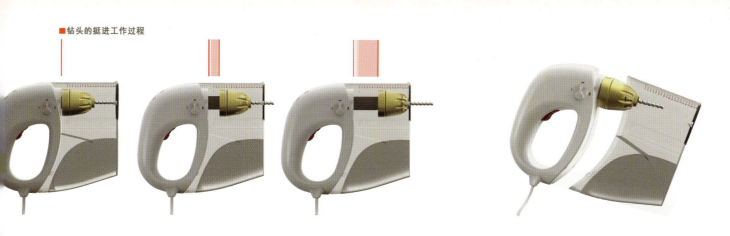

■钻头的挺进工作过程

90°

图1-10 家用手电钻的设计, 这与操作者的
使用需求及环境需求是分不开的 (设计: 胡
海权、赵研)

第2章 工业设计应用人机工程学的分析要素

工业设计是一项综合性的规划活动, 是一门技术与艺术相结合的学科, 同时受环境、社会形态、文化观念以及经济效益等多方面的制约和影响, 即工业设计是功能与形式、技术与艺术的统一, 工业设计的出发点是人, 设计的目的是解决人在工作与生活中遇到的问题, 这些问题包括产品的直接使用过程中遇到的问题, 也包括使用过程中遇到的不舒适的问题。工业设计必须遵循自然与客观的法则来进行。现代工业设计强调"用"与"美"的高度统一, "物"与"人"的完美结合, 把先进的科学技术和广泛的社会需求作为设计的基础, 概而言之, 工业设计的主导思想以人为中心, 着重研究"物"与"人"之间的协调关系。工业设计的思想强调产品设计必须以先进的科学技术、最新的材料和先进的机械化生产方式为基础, 使产品成为综合了人与物、形式与功能、艺术与技术、经济与社会等各种因素的"均衡的整体"。工业设计的观念由于顺应了社会发展的趋势, 成为推动社会前进的巨大动力。在现代工业国家, 工业设计师已经成为产品开发设计的主力军。

2.1 工业设计师的人机工程学

▶ 工业设计与人机工程学的共同之处在于, 它们都是以人为核心, 以人类社会的健康发展作为最终的目的。不同之处在于, 人机工程学着重研究人自身与外部环境有关的生理、心理特征, 而工业设计则探讨如何设计出综合考虑人、技术、经济与社会各方面需要的产品, 两个学科之间存在着一种互为补充、相互依存的关系。一方面, 人机工程学为工业设计提供了有关人自身、特别是人机关系方面的基本知识和研究成果, 使工业设计的以"人"为核心的思想有了实实在在的科学依据; 另一方面, 工业设计使人机工程学的应用范围扩大到前所未有的程度。层出不穷的新的人机问题的出现, 不断地对人机工程学的原有概念提出新的挑战, 从而推动了人机工程学全面系统的发展。

由于这两个学科的这种相互补充、互为促进、共同发展的关系, 使得人机工程学成为工业设计师必须掌握的基础知识之一。世界各国的设计教育, 都把人机工程学作为一门主要课程纳入教学体系。另一方面, 工业设计师对人机工程学的研究又不同于人机工程学家。人机工程学家注重学科本身的理论与方法，而工业设计师则主要关心如何将这些理论方法应用到具体的产品设计中去。由于工业设计师的这些工作特点，决定了设计师对人机工程学的研究应该在明确的指导思想下进行。这些指导思想可以基本概括为以下几个方面：

1. 处理好人机因素和其他因素的关系

作为一个全息系统的局部，一个产品中包括了我们这个商业社会中的全部信息。一件设计优良的产品，必然是人、环境、经济、技术、文化等因素巧妙平衡的产物。开始一项产品设计的动机可能来自各个方面，有的是为了改进功能，有的是为了降低成本，有的是为了改变外观，强化市场效益，以吸引购买者，更多的情况是上述几方面兼而有之。于是，对设计师的要求就可能来自功能、技术、成本、使用者的爱好等各种角度。

不同的产品设计的重点也大不相同，暖水瓶的设计显然就要比香水瓶的设计考虑更多的人机问题；而时装设计肯定比战斗服设计更注重形式感；卧具和坐具在使用时因和人体长时间的大面积接触，人机因素就是决定其设计的主要方面；柜、架等家具与人的接触较少，设计时就可能主要考虑能放多少东西、是否坚固等其他因素。在产品这一系统中，各因素之间是相互依存、相互制约的，有时是相互矛盾的。内部宽敞的汽车乘坐十分舒适，是理想的人机学解决方案，但会使空气动力学性能下降，增加了油耗和运行成本。空气动力学性能优良的汽车可以跑得更快，更省油，但却使乘坐的舒适程度大受影响。设计师要有能力在各种制约因素中，找到那个最佳的平衡点。

2. 分清主要矛盾和次要矛盾

一件产品的设计，通常要考虑不只一个方面的人机问题。产品从厂里出来以后，要经过包装、储运、销售、使用、维修这一系列环节，在每一环节都要与参与者产生人机关系。设计师要分清主次，予以全面考虑。毫无疑问，使用者在使用过程中的需要应该是设计师首要考虑的问题。一辆骑着很别扭的自行车，即使其装配再简单、维修再容易也少有问津，因为它偏离了最基本的立足点——使用者的需要。另一方面，在满足使用者的前提下，其他环节的人机问题，也要予以适当考虑，特别是对那些有可能给参与者造成极大不便甚至伤害的潜在问题，一定不可忽视。即使只以使用的角度看，产品牵涉到的人机问题仍然可能是多层次的。一个台灯的设计，可能要考虑用电安全、照明质量以及操作方便性等人机因素，设计师要分清主要矛盾和次要矛盾，切不可舍本逐末，在一些诸如开关是否符合手的形状之类的枝节问题上纠缠不休，而忘记了更重要的方面。

3. 不要照搬数据和图表

通常国家标准以及人机工程学专著中都有大量的图表、数据、调查结果和设计规范，这些资料是这门学科的众多先行者们智慧的结晶，对设计师来讲，是十分有价值的参考资料。但如果以为仅凭这些数据就可以解决一切产品设计中的人机问题的话，那就大错而特错了。设计师的工作对象是活生生的人，而且面对的产品也是不同的。一些现成的人机工程学图表、资料表述的是一般情况下的人的特征以及所适用的条件，比如人直立时的身高，手臂平伸的臂长或某一照度水平下的视力等均属此类。但在实际使用产品时，这种标准状态是不多见的。对某项具体设计而言，这些只能作为参考，无论多么详尽全面的数据库也无法代替设计师的深入细致的调查分析和亲身参与体验所获得的感受。

4. 创造新的研究方法

设计师每时每刻都可能遇到前所未有的问题，因此，仅掌握现有的人机工程学的研究方法是不够的。有些时候，只有设计师自己才知道需要哪些资料以及用什么方法获得它们。设计师应该养成不依赖专门设备，而依靠自己创造的方法获取所需资料的习惯。国外一些设计院校，很注意对学生这方面能力的训练。在大多数情况下，一些复杂的设备完成的工作，用简单的工具和方法照样可以完成。美国通用汽车公司设计部所使用的大部分人机工程学测试仪器是该部的设计师们根据需要自己设计制作的，正是设计师们的这种主动性和创造精神，才反过来推动了人机工程学的发展。

5. 明确应用人机工程学的目的

这个貌似空泛的命题却实实在在地体现在每一次的设计活动中。一件产品的设计过程是设计者把自己的设想物化的过程，无数设计师的梦想加起来就是人类的未来。仅从一件产品的设计来看，应用人机工程学的目的显然是为了让使用者更方便、更舒适或更愉快，或是使工作更有效率。但局部合理的东西从长远观点来看不一定合理，室内空调系统可以使人在炎热的夏季感到凉爽舒适，但长远会使人体对气温的适应能力减弱，体质下降。自动化技术的进步大大减轻了劳动者的劳动强度，但如果用得太滥会让人变得懒惰，成为"坐着的动物"。现在中国社会汽车的普及使人坐在轮子上舒适出行的人们越来越多，与此成正比的患肥胖症、心脑血管类疾病的人也越来越多。这样正反两方面的例子，数不胜数。今天的社会学家、工业设计师和人机工程学家们已经在思考这样一些问题：究竟什么样的产品对人类有利？人类应该追求什么样的生活方式？从过去的历史看，人类是在同恶劣的自然环境的斗争中才发展到今天的水平。由此可见，一味地追求轻松、舒适不一定是人类的根本需要。

2.2 应用人机工程学的分析 ▶

改善产品的使用功能，通常是设计的主要目的之一。即使是那些以降低成本为目的而进行的设计，也必须对产品的使用功能进行重新评价，看看哪些功能需要保留，哪些功能可以提高或降低，在哪些环节存在降低成本的潜力等等。总之，在大多数产品设计过程中，人机问题分析是不可缺少的设计环节。处理好产品中的人机关系不是轻而易举的。产品水平的普遍提高，使得明显影响使用和安全的设计缺陷愈来愈少，但是这并不意味着我们的产品就是合理的了。不少人机问题具有累积效应，偶而使用不会发现，但时间长了就会造成严重后果，许多职业病的起因就在此。这类问题，很难单凭经验和直觉发现，只能通过分析的办法发现它们并找到可行的解决方案。

当一件产品被人使用的时候，人和产品就构成了一个相互作用的整体。在这个整体中，人和产品两方面的交接面是使用过程，全部人机关系就表现在这个使用过程之中，如图2-1。这一人机系统能够有效运作的先决条件之一，就是这种人机关系能同时符合人机两方面的特点，两者结合起来形成最佳搭配，共同完成一项设想好的工作目标。在人（即使用者）、机（即产品）、工作目标（这是一个广义的概念，具体可以指工作、休息、娱乐和其他活动目的）这几个因素中，人的能力和限制是设计师无法改变的，工作目标也是事先确定的（当然不是绝对不可改变的），设计师的工作是通过对人和工作目标两方面特点的了解，以改变产品的方式去建立新的人机关系。除此以外，人机系统所处的环境，对人机关系也有相当程度的影响。

2.2.1　限制条件的分析

这里所指的限制条件，是由人机系统的工作目标所决定的那些影响人机关系的外界因素。一个系统目标确定之后，总会随之而带来一些边界条件。比如，由理发员和专业吹风机所组成的人机系统的目标是给顾客吹头发，由此决定的工作场所、环境条件以及对操作者的基本要求就是边界条件。工作目标一经确定，这种边界条件也相应成立，不会因为产品设计的改变而改变，产品设计只能在这些边界条件的限制下进行。当这些限制条件和要求与人的能力和特点有矛盾时，设计师就要通过产品设计解

图2-1　医疗工作者的人机界面环境

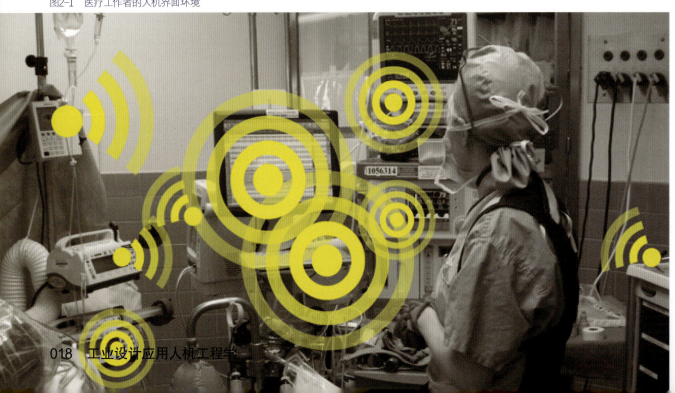

决这些矛盾。例如, 理发师在为顾客吹头发时可能会因为操作时间较长而感到疲劳, 但无论设计师还是理发师本人都不能因此而改变给顾客吹头发这一要求, 而只能通过加大吹风机功率和减轻吹风机重量的办法解决或者缓解这一矛盾。简单地说, 凡是在系统目标规定内无法改变的因素, 都是我们设计的限制条件。设计师应在设计伊始, 就把这些限制条件分析清楚, 给人机问题的研究和解决确定明确的目标和界线。限制条件可能来自以下几方面: ①对人生理能力的要求; ②对人心理素质的要求; ③对训练的要求; ④对人适应环境能力的要求; ⑤对人行为方式的要求。

2.2.2 人的分析

系统中的另外一半是人, 人的生理心理和行为特点构成了来自另外一个方向的限制。设计师要对使用者有清楚的了解, 才能设计出符合使用者特点的产品。通常, 需要设计师了解的是下面一些因素。

1. 使用者的构成分析
任何批量生产的产品, 都是针对某个群体设计的。但是由于人与人之间生理上的差别, 产品满足整个群体中所有人的需要是不可能的, 特别是那些对人机关系要求严格的产品更是如此。设计师应该对使用者是谁, 范围多大有清醒的判断。作为一般批量化产品, 应至少可以满足群体中90%的人的身体条件。

2. 使用者的生理状态分析
设计师对使用者生理状况的了解可以来自直接体验、间接体验和人机数据。人机工程学科为设计者提供了解人类生理运行机制的可能性。几代人机工程学家、人体测量学家和行为学家的研究成果都是设计师了解人类自身的来源, 设计师应该不断积累这方面的知识。除此之外, 通过体验获得的经验和感受也是十分重要的, 在某种意义上来说, 这甚至比人机数据更重要。当直接体验的可能性不存在时, 比如一个年青健康的人想了解老人或残疾人的生理状况, 设计者应借助观察、询问等方法去间接体验。

设计师经由体验获得的知识往往更强烈、更生动, 因而质量更高。

3. 使用者的行为方式分析

行为方式是由于人的年龄、性别、所在地区、种族、职业、生活习惯等原因形成的动作习惯、办事方法。比如犹太民族或阿拉伯民族惯于从右向左的读写方式, 而老一辈的中国文化人仍然习惯自上而下的读写方式。这些特定的行为方式往往会直接影响到人们的操作习惯, 设计师应在设计中尽可能地把握这些因素。使用过程的分析通过对系统工作目标和人两方面因素的分析, 设计师可以了解到各自对对方的要求以及两者之间的差距, 这个差距为设计活动提供了舞台。系统中的人机关系是在具体的使用过程中体现的, 因此, 除上述两方面的分析之外, 还要对具体的使用过程进行分析, 如图2-2。

使用过程的分析是一项深入细致的工作, 必须投入足够的时间和精力才能收到好的效果。许多产品中的人机问题不是靠常识可以发现的, 甚至短时间使用也体会不到。但若长期的使用, 其影响会逐渐积累, 最终导致对人健康的严重损害。很多职业病如颈椎病、肩周炎、腰椎间盘突出以及其他一些疾病都与长期采用不合理的劳作姿态有关。所以, 在设计人们长时间高频率使用的如座椅、工作灯、职业用具等产品时, 使用过程分析所需的时间更长。国外有的家具公司, 为设计一把工作用椅要花几年时间进行样品试用, 以保证正式产品的品质。使用过程分析大体包括以下一些步骤:

(1) 动作的再现。

通常借助功能模型部分地再现使用过程, 通过反复地试用发现其中的问题。这里, 应特别强调"反复"的重要性, 人体有一种自动寻求省力的能力, 不合理的动作与使用方式, 重复的次数一多自然会被发现。

(2) 动作的记录。

把试验的过程记录下来十分重要。对于比较重要的课题可以采用一些仪器如摄像机、照相机、计时器和生理监测仪器等。一般的设计题目限于条件也可以仅用观察、询问、笔录的方法记下被测人员主诉的生理、心理感受。无论采用何种方法，都要保证记录结果的全面真实。

(3) 动作的分解。

将整个动作过程分解成一系列单个的动作。每个动作编号以后，附带记录下这个动作所花的时间、动作范围大小、消耗体力大小（可以采用非量化的方式）以及这一动作是由哪一肢体完成的。

(4) 动作的评价。

这一步是使用过程分析中最关键的环节，评价的结果直接影响到设计的优劣。通常可按以下两个角度进行评价：①从完成系统目标的角度。一系列动作过程中，有些动作对完成工作是必不可少的，这些动作可称为必要动作。比如，打电话时按动字符键、对麦克风讲话以及倾听对方讲话都是

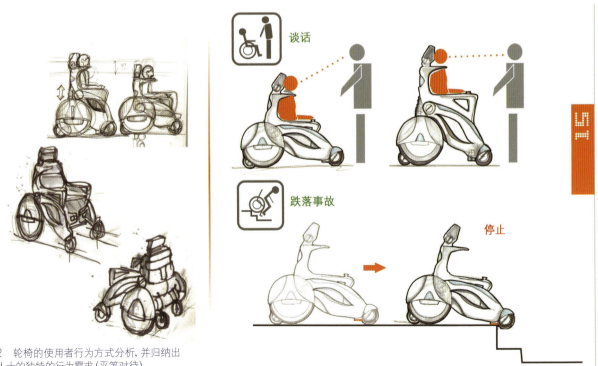

图2-2　轮椅的使用者行为方式分析，并归纳出残疾人士的独特的行为需求（平等对待）

必要动作，除非修改系统目标，否则这些动作不能去掉。第二类动作可以称为辅助动作，这些动作并不直接完成系统目标，但对必要动作却是必不可少的。比如，将听筒靠近耳朵以及从地址本上查阅号码就属于辅助动作。必要动作和辅助动作的界限不是泾渭分明的。第三类动作对完成系统目标没有任何帮助，称作多余动作，但这些动作有时难以避免，特别是在精神不集中或不熟练时，如手指来回寻找字符键时的晃动或误按可归入多余动作。②从人的生理角度。从人这个角度，可以将各个动作按消耗体力的大小、消耗精力的大小、动作幅度的大小、动作速度的大小、动作复杂程度的大小以及要求动作熟练程度的大小进行分类和评价。

(5) 动作的重构。

按动作经济原则把各个动作进行挑选、改进和重新组合，把它们变成一组同时满足系统目标和人两方面要求的动作序列，按这一动作序列设计产品或产品系统。

以上的过程主要是从纯推理的角度进行的动作分析。在实际当中，人的许多动作从完成工作的角度看是多余的，但是从生理乃至心理的角度却是必须的，如伸伸胳膊、直直腰这类动作是为了调整姿态、减轻疲劳。有些完全无意识的动作却是人心理的需要。从这个意义上说，某些完全从"经济"原则重构的动作反而不是最"经济"的，设计师应始终牢记：人是有思想、有感情、有生命的"万物之灵"，绝不是一台按照人为程序动作的自动化机器。设计师要是以为能把人的活动全部纳入他编好的程序中去，就是大错特错了。"少些限制，多些机会"这句话在这儿也许有点参考价值。

4. 使用者的心理特征调查分析

为了确保产品使用的心理舒适性，设计师就必须认真研究人在知觉、认知、操作行动方面的心理特性。知觉指的是心理学的高级认知过程，涉及到对感觉对象含义的理解，以及在此过程中过去的经验、记忆和判断是怎样起作用的。心理学家发现需要、动机和心理设定会对知觉产生影响。认知的含义是指人的思维和理解，通俗地讲是指人怎样通过思维把一件事情搞清楚。认知心理学发现，我们的许多动机和情绪会受到思维的影响，甚至有可能起源于思维，人类和其他高等动物经常是因为心理需要而产生动机的，而并不总是由生理需要产生的。受大脑思维控制，有目的、有意图的行为称为行动，用户操作产品的行动称为操作行动。用户操作使用一个产品往往需要5个心理过程：

(1) 意图。

首先用户要形成操作意图，通过知觉发现信息，通过思考确定一个操作使用意图。如用户对一款新手机很好奇，想试一下它的各方面性能，这就产生了尝试操作的意图。

(2) 计划。

意向确定后，行动者就会根据目的，观察外界具备的条件，开始计划行动过程。用户通过观察手机上的按键，根据自己有关电子产品和手机操作的经验和知识，猜测手机每一按键相对应的功能，根据需要选择按键，做好手机操作的行动计划。

(3) 动作实施。

按照预定的计划开始实施操作过程。此时，用户按照预想操作按钮，开始实施操作。

(4) 感知。

用户在进行操作后，会留心观察和体会，努力感知操作前后发生的所有变化。手机操作用户会观察手机屏幕显示的变化以及其所发出的提示音，感知操作的结果。

(5) 认知。

用户把得到的操作反馈信息进行解释，理解它与自己预期结果的关系，并以此为依据决定下一步如何操作。现代人的生活被各种各样的产品所包围，因此，用户希望从产品外观上很容易发现使用目的、操作方式，希望很容易了解操作过程，并能及时得到所需要的操作反馈信息，在进行产品用户界面设计时，就要根据产品本身的特性、使用者的心理特性，分析可能的操作心理，并以此为依据进行诸如产品造型本身的暗示信息、操作按钮位置排布、提示信息显示方式等用户界面的设计。

与心理有关的人机问题因涉及的因素复杂，很难总结出一条放之四海而皆准的分析方法。我们通常设计调查问卷来进行人的心理特征调查。

5. 环境因素的调查分析

(1) 温度环境。

适宜的温度环境在作业区不太引起人们的注意。事实上，在人们感受舒适的温度区域的边缘，温度感便逐渐变得越来越明显，当温度过高或过低时，将严重影响作业。

①作业区的温度环境决定于空气的温度和湿度、周围物体的表面温度以及空气的流动速度。

②人体与周围环境进行热交换主要有四种方式：传导、对流、蒸发、辐射。

随着温度的增加，首先影响的是脑力作业，其次是技能作业，最后，当温度上升到一定阶段，体力作业也开始受到影响。因此，舒适的温度是保证作业效率的非常重要的因素。

(2) 声音环境。

凡是干扰人的活动 (包括心理活动) 的声音都是噪声，对于工作着的人来说，美好的音乐也可能是噪声。对噪声的测量不是一个简单的物理量就能表示的，噪声负荷是指在一定时间内，噪声对人的各种影响的综合作用。噪声对人的工作效率的影响是显而易见的，因工作性质的不同，其危害程度也会有所差异。随着噪声的增强，它会对人的生理和心理产生一系列的影响，最直接的影响就是导致听力衰退。强噪声对人听力的损坏是一个累积过程，每次引起的短时听力丧失累积起来可致听力受损，噪声的危害是随着时间的延续而越来越明显的。噪声对人的生理影响是多方面的，可使人的血压升高、心率加快、消化减慢，同时使人的肌肉紧张。长时间的噪声影响对人的健康是非常不利的，因此，在设计产品时，降低噪声和在环境设计时考虑噪声的防护是设计师必需的职责。噪声防护可以从个人防护措施入手，可以从减少噪声源、阻止噪声传播途径等方面入手。

(3) 光环境。

光源有自然光源和人工光源。自然光源主要是日光、月光以及自然界其他发光体等，对某一特定区域来说，物体的反光同样也是光源。人工光源较多，我们常用的有烛光、白炽灯、荧光灯等。

亮度与照明之间存在如下关系：亮度 (L) =照度 (Lx) ×反射率。工作照明应采用适宜的照明方式，选择适当的照明器具，使眼睛感到舒服并使人的视觉感受良好。这就要求有适宜的亮度，光源布局合理和避免目眩。因此无论是自然采光还是人工照明，都应进行一定的设计处理。另外，光环境的设计应考虑一定的照度标准，注意学习前人的经验。在设计照明时，照度的均匀性是决定视觉是否舒服的主要因素之一。在视域内，应注意不同区域的亮度对比，在视野中心的区域亮度对比不应大于3∶1，视觉中心域与邻域对比度不应大于10∶1，光源与背景亮度对比不应高于20∶1，这都是减少不舒服感和避免目眩的必要条件。

本章思考题：
(1) 工业设计师的人机工程学应该注意什么？它有什么特点？
(2) 应用人机工程学的分析都涉及哪些方面？
(3) 思考人机工程学分析对于工业设计的意义。
(4) 请思考并列举几种"设计师自己的"人机调查与分析方法。

第3章 工业设计应用人机工程学的设计程序

人机工程学作为一门设计类专业的基础学科,对指导设计具有现实意义,许多人认为人机工程学培养的是一种对尺度的概念,而这种人机之间的尺度关系完全可以通过查阅相关数据资料获得。这种想法不够全面,因为人的生理尺度不是一成不变的,且产品的使用方式也在发生着变化。许多新的人机关系无法从已有的书籍中找到,现今的设计正在朝着多种感官体验的方向发展,这就意味着设计者一直在对人与物的关系问题作不断探索,于是对具体设计方法的研究成了一个长久探讨的话题。工业设计应用人机工程学教学关注的重点不仅应该是传授已有的人机工程研究成果,更应努力探讨得出如何应用人机恰当关系的途径与方法,准确地说,应该是各种实验的具体方法及辅助分析手段。而实验方法与分析手段也是在一个个细微的研究点上不断发展推进的,这些过程应被极大地重视并成为人机工程学教学的重要一环。

3.1 使用者分析 ▶

用人机工程学解决实际设计问题具有一定的程序与步骤,见图3-1。从人机概念的确立开始,设计者便应站在使用者的立场,找出最合理的使用方式及操作界面;根据资料的调查及基本尺寸数据的查阅,建立基本可用模型;在改进设计的过程中,用各种手段(包括计算机虚拟人机关系)调整界面的合理性,以便最大限度地接近真实产品的人机界面;再制作1:1仿真模型,通过模型的验证得出使用反馈与感性评价。当然这其中的模型验证手段也有多种,比如,可以借助各种器械模拟上了年纪的人使用这些产品的感受,或是请不同身高、不同性别的人来参与模型的体验与评价等。其中数据的统计过程及分析的细微程度都是能否得出宝贵结论的关键所在。

对物的设计应先从对人的行为习惯观察开始。虽然不同年龄、性别、种族、文化背景下的人有着不完全一样的生活习惯与行为方式,但大体上讲,人与人的本能是基本相同的。这一点是由人的基本生理特点决定的。于是我们可以通过观察人的行为过程了解人使用器物的方便程度,或者为人的行为匹配一些与之对应的器物。许多设计从前是没有的,而是根据人在实际生活当中的需要而产生的。比如,为了将物的功能不断地改进以

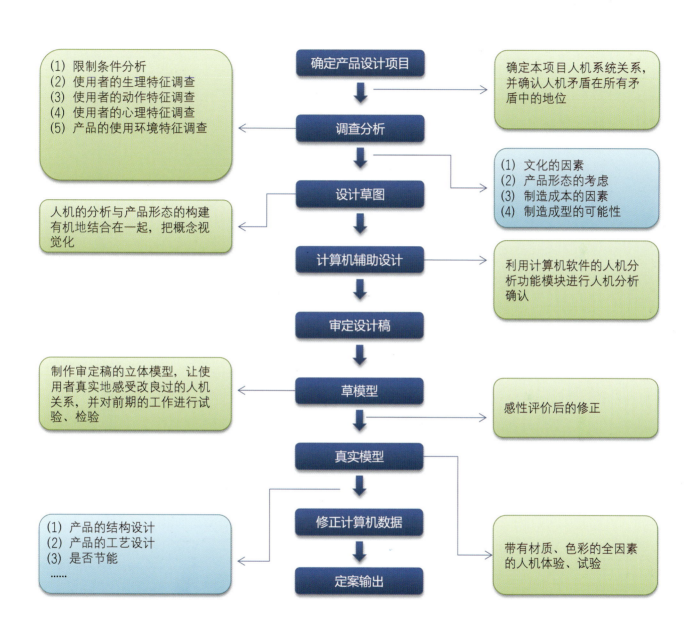

(1) 限制条件分析
(2) 使用者的生理特征调查
(3) 使用者的动作特征调查
(4) 使用者的心理特征调查
(5) 产品的使用环境特征调查

确定产品设计项目

确定本项目人机系统关系，并确认人机矛盾在所有矛盾中的地位

调查分析

设计草图

(1) 文化的因素
(2) 产品形态的考虑
(3) 制造成本的因素
(4) 制造成型的可能性

人机的分析与产品形态的构建有机地结合在一起，把概念视觉化

计算机辅助设计

利用计算机软件的人机分析功能模块进行人机分析确认

审定设计稿

制作审定稿的立体模型，让使用者真实地感受改良过的人机关系，并对前期的工作进行试验、检验

草模型

感性评价后的修正

真实模型

(1) 产品的结构设计
(2) 产品的工艺设计
(3) 是否节能
......

修正计算机数据

带有材质、色彩的全因素的人机体验、试验

定案输出

图3-1　人机工程学解决实际设计问题的程序与步骤

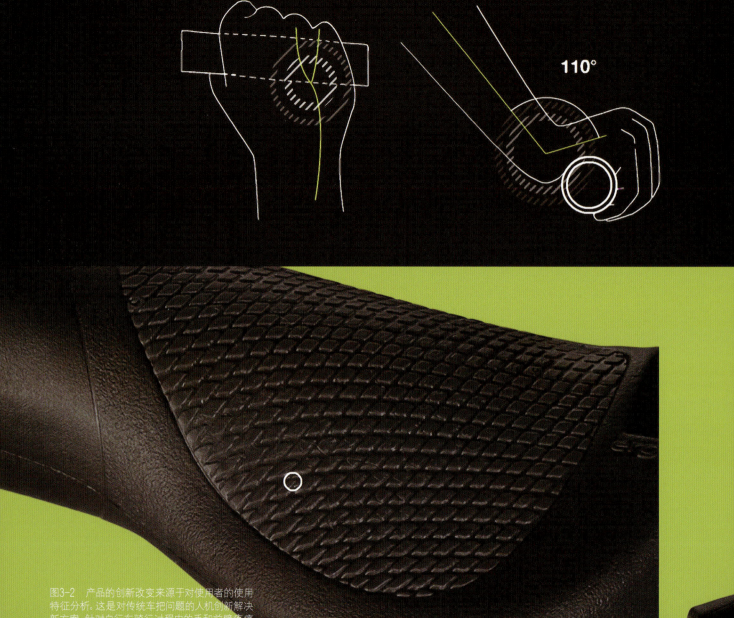

110°

图3-2 产品的创新改变来源于对使用者的使用
特征分析。这是对传统车把问题的人机创新解决
新方案。针对自行车骑行过程中的手和前臂疼痛
的问题，对手掌造成压力的问题，提出了一个解剖
学上的优化。对压力实施缓解，防止手变得麻木
（设计：BIKE ERGONOMICS.GERMANY）

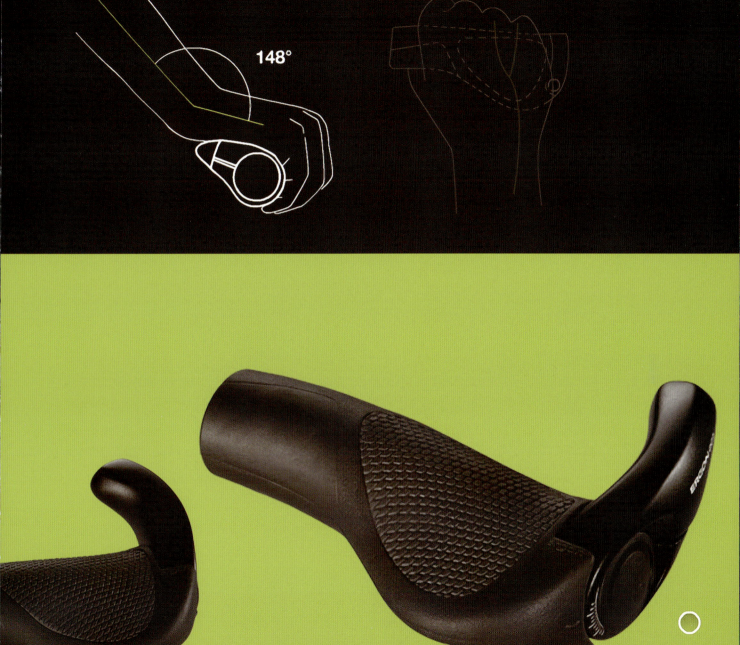

148°

使物变得越来越好用，就需要将人操作器物的步骤进行细致的分解，找出其中不符合使用性的原因，并提出更好的解决办法。有的设计者观察到人的习惯性本能动作，并利用物的设计很好地满足人的这种习惯，有的设计者考虑到人长时间保持一种姿势或一种劳动状态会感到疲劳，故为使用者提供多种操作模式或不同尺度的器物以供选择，更有一些设计者从人的行为习惯出发进行物的设计，诱导人以特定的条件使用设计物，以此减少对自然环境的污染或他人的劳动量等。还有的设计物沿用人们长久以来约定俗成的界面，为的是不频繁改变人们的使用习惯。

以上这些都需要设计者对日常生活有细致入微的观察，了解人的基本生活习惯，并能从普通使用者的立场出发，切身体会作为一个自然人的需求究竟有哪些。作为设计者，感觉应比普通人更加敏锐，更加善于辨别健康与非健康的生活方式，并能判断出造成这种差别的症结在哪里。习惯分析的作用在于针对人们的生活方式，为人们设计真正好用的产品，也真正将设计往更合理的方向推进，如图3-2。本阶段是工业设计应用工程学开展的重点，这个阶段的调查活动，需要设计师灵活应对，但目的是理顺出明确的人机关系，作为下一步设计的依据。

3.2 人体数据资料查找 ▶

从人机工程学这门学科诞生以来，许多学者在人机尺度方面作了大量研究工作，也积累了大量的数据成果。如日本人机工程学专家小原二郎、美国学者阿尔文·R·蒂利均用其毕生精力探究人与空间、人与物的尺度关系问题，前者著有《室内空间设计手册》，后者著有《人体工程学图解——设计中的人体因素》，这些专著都是较好的人体数据资料。还有一些国家标准可以参考。学习者在需要数据作参考时可以查阅上述数据，但需要引起注意的是，在每一个设计的具体细节把握上，设计者还是应该根据需要以自己的方式进行产品人机关系调查。

3.3 设计方案草图 ▶

设计师本阶段的工作便是将上阶段调查得到人机数据的结果转换成可视化的具体形态，通常是透过设计草图将概念表达设计出来，用"眼见为实"的图面作为进行沟通与评选的方法，如图3-3。设计的构想可视化是

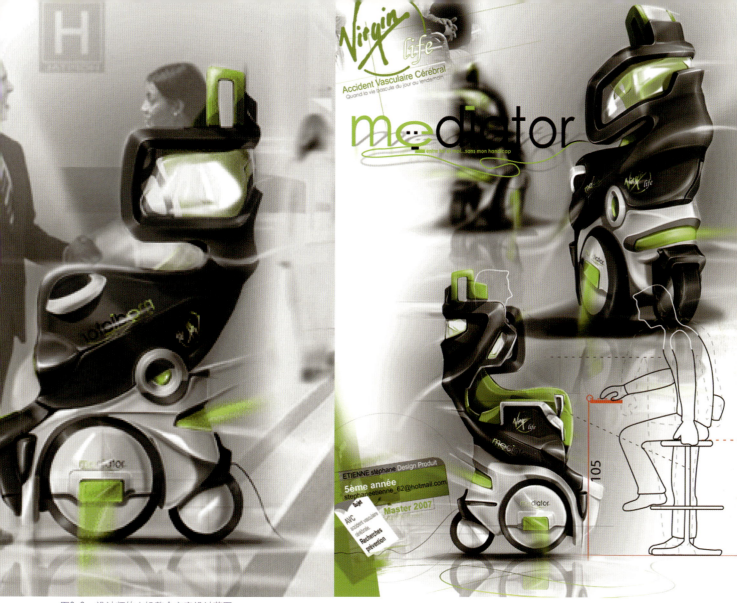

图3-3　设计师的人机整合方案设计草图

设计师最核心的任务，本阶段需要加进产品形态的设计处理，使其与人机关系有机地结合在一起。其设计结果的好坏与设计师的美感、创意实力及经验有关！通常在具有创意素质的设计师身上，会创造出具有个性特征、具有美感、人机关系合理的产品。给予设计师某种程度的自由，才能使他们发挥创意的活力与能量! 这种对创新的期待与需求, 一直是众所期待的。

3.4 计算机虚拟辅助分析 ▶

随着技术的发展, 计算机被设计行业广泛应用, 设计师可以借助计算机软件进行人机工程学辅助分析。这样的软件很多, 相当一部分属于工科类分析软件, 也有一些属于艺术类软件。软件的运用方法不同, 解决的问题也不同。比如Design Simulation Technologies公司研发的Working Model软件, 是在AutoCAD平台上开发的用于机械结构有限元分析的专用软件, 具有较精准的参数化控制, 可以解决人机工程学中的一些力学分析问题。又如美国的ASL眼动仪, 通过捕捉人眼的运动轨迹, 记录人眼观察物像时的视觉行程, 进而研究引起人体视觉兴奋的要素及其规律。另外有一款人体动态造型软件POSER, 由美国e-frontier公司 (原Curious labs公司) 研制, 主要用于三维角色动画制作, 也可以很好地作为产品设计辅助软件配合设计使用。CATIA也有人机分析模块。

人机工程学研究人与物的关系问题, 因此若在设计图中有虚拟人体的参与, 无疑会对设计有很大帮助。在大多数情况下, 虚拟的产品效果图只能提供二维的视觉关系, 而且也缺少确切的尺寸支持, 而这个造型和人体的某些部分配合在一起是否合适并不能很好地被感知。这时马上着手做模型又有很大的盲目性, 特别是以前没有进行研究记录的人机界面, 在不具有原始用户模型的情况下进行造型的设计就有相当大的难度。因此, 为产品设计提供一个可作参考的人体或人体局部虚拟数模, 是一个很好的人机关系分析辅助手段。最终呈现的产品使用状态图也可以作为使用者感性评价的极佳对象。

3.5 人机实验 ▶

人机实验是评价人机工程学应用好坏与否的关键。人机实验的类型有许多种, 具体方法也在实践的过程中不断向前发展。实验的内容应围绕研究的重点展开。先来看一看最常见的三维造型尺度检验——产品草模型。这种人机实验的过程就是将静态使用模型按照1:1的大小制作出来, 并接受人体检验。模型通常用硬纸、聚氨酯发泡塑料、密度板、石膏等简易材

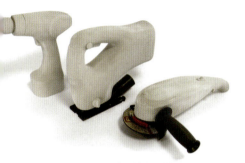

图3-4 设计师的实体模型，直观的人机试验方式

料制作，如图3-4。为了检验产品比例尺度的合理性及与人体配合的舒适性，产品模型的每一个倒角、每一个功能界面均需要被准确清楚地制作出来，以便让设计者能通过模拟使用状态真实感受设计的优劣。这种模型只配合人以静态的方式使用，不具备灵活的运动性，因此造型需要做到尽可能精准才有价值。这种模型在体量上有分类，小的器物若可以用手把玩，则用轻质材料（如聚氨酯发泡塑料、纸板）制作即可，如图3-5；而浴缸、座椅、空间器械等有一定人体容纳性的大型器物则需要由具备一定牢固性的材料（如密度板、金属支架）制作。同样是静态使用模型，有一些产品要求造型有不同形式的状态变化，如许多医疗仪器，同时具有打开与收拢两种不同状态，打开时内部可容纳人体局部，收拢时体积减小，便于存放。这样两种形式的切换注重造型的可变性原理研究，并非关注造型本身，因此模型制作应以可变形材料为主，如纸板、塑料薄膜、金属薄片、金属丝。制作过程应讲求不同模式切换的合理性与使用的舒适性，在与模型的做工品质发生冲突时，可适当强调前者。除了简单的生理尺度感知以外，人体的其他感官功能还有不少，比如视觉识别、触觉、应答感、运动快感、听觉、嗅觉等。当然，以上所说的每种感觉都是一个研究体系，里面的具体内容和研究方法还有很多。

在使用不同材质构成的器物时，皮肤会敏感地觉察出它们的不同"性格"。如冰冷坚硬的金属、透明的玻璃、细腻柔软的织物、温暖自然的木

图3-5 设计师的实体模型制作

头。不同的材料给人们带来不同的触感，因此即便已完成了产品的三维设计，究竟用什么材料与之相匹配仍是个值得研究的问题。譬如，制作一个杯子可以用到的材料有塑料、木头、不锈钢、玻璃、纸、陶瓷，而用不同的材料制作就会有不同的手感与口感。有的材料导热能力强，如金属，用于制作杯子就会烫手；有的材料价格低廉，如纸，做成杯子轻便且不易碎，口感温暖。这是不同材料带给人的不同感受。同样是织物，皮质不同、毛绒长度不同，会使织物具有不一样的质感。而人造革与皮革虽外貌相似，质地的柔软性与透气性却是很不一样的，若同样作为坐垫材料，在冬夏给人的感受有很大差别。另外，材料的混搭会让人产生不同的心理感受，如光亮的金属与木头、牛皮卡纸、毛玻璃等表面反射度不高的材料搭配，会体现较高的品质感。若以前面所说的语意差异法调查并作量化分析，则可以总结出人们普遍的心理感受。

此外，造型与触感也有一定关系，如牙刷的刷头设计，不同造型的刷毛结合不同的材质会给牙龈与牙齿带来不一样的感觉。类似的，许多细小的造型会带来感觉上的变化，如开盖上的细纹或浮点、方向盘上的起伏均在很大程度上影响人手抓握时的感受。这种感受对于长时间操作某种工具的人或者由于年老感知能力减弱的人是很重要的。有些材料配合特定的突起，给人极佳的手感，也因此变成了专供人们揉捏体验的玩具或健身用具。这种与人的触感相关联的人机实验要求在平时能勤快地收集各种材料样本，以便在研究时能拿出足够多的素材作比较。当然，不同门类的产品有不同的适用材料。

应答感是物体被施力后反作用于人体所带来的感受。比如日常生活中，不停地敲击键盘，或通过拨接手机按键发送短信，或者用刷子清洗衣物。而这些物品曾经在许多时候给人们带来了劳动的快感，这种快感不是由产品造型带来的，亦不是一种感官的舒适感，而是由于物体与物体之间发生摩擦、挤压或振动等原因使人们的神经感到某种兴奋。这种操作快感虽然看不见、摸不着，却对使用者有着很大的吸引力。许多人在使用了具有操作快感的产品后，被这种感觉深深吸引，不再去购买其他同类产品。

罗技鼠标就是一个很好的例子，最先吸引使用者的是它极佳的点击手感，这使得此品牌产品一经推出，长盛不衰。这种研究应答感受的实验属于人机实验当中较高的层次，需要研究者本身具备结构上的知识以及相当程度的耐心，而实验过程也不像前面说到的任何一种，即都存在感官上的刺激，这种实验往往很枯燥。

比较难的要数动态模型制作。假如要设计一种健身器材，那就需要制作一套配合人体运动的模型，以检验人在运动过程中的舒适度。这种模型可以没有完美的造型，但需要有可活动的部件，且大小、比例、转动角度等均要符合正常人的使用范围。这种模型制作需要设计者具备很好的力学知识及其运用能力，或运用软件模拟动态使用方式的能力。因为要以人为参照准确实现器具的三维运动，需要良好的结构作支撑，这是模型制作的难度所在。以上说到的这些实验方法都属于常规思路的实验方法。即把人这一使用主体全部设定为年轻、健全的个体。而事实上并非如此，在人们的身边还生活着为数众多的肌体功能退化的老人以及残障人士，是否应该在设计中加入对他们的考虑呢？设想一下，80岁的人们会有怎样的视力？怎样的手劲？还能与年轻时一样正常地蹲下与起身吗？如果在人机实验的过程中加入一些障碍，或许能体会出表面看似相差无几的产品背后的差别了。以上，简要地将各种类型的人机实验及方法罗列了一下，其中任何一种都有待于在长期的实践中不断深入推进。

本章思考题：
(1) 简述工业设计应用人机工程学的设计程序。
(2) 思考设计过程中的人机问题与形态、结构功能等因素的兼容整合，并举出实例说明上述的主次关系。
(3) 思考实体模型的人机试验意义。

第4章 工业设计应用人机工程学的研究方法

人机工程学多学科性、交叉性、边缘性的特点决定了其研究方法的多样性，包括人体科学、生物科学、统计学、系统工程、控制理论等学科的多种方法，以及本学科中的特殊方法。这些方法被用以测量人体各部分的静态和动态数据，分析研究作业的时间和动作，检测作业中人的各项生理指标和心理状态下的动态变化，统计和计算数据内的规律和相互关系，调查和观察人的行为和反应特征，分析作业过程和工艺流程中存在的问题，分析差错和事故的原由，进行模型试验或电脑模拟试验等。由于学科来源的多样性和应用的广泛性，人机工程学中采用的各种研究方法种类很多，有些是从其来源如人体测量学、工程心理学等学科中沿用下来的，有些是从其他有关学科借鉴过来的，更多的是从应用的目标出发创造出来的。下面介绍其中常用于一般产品设计领域的方法。

4.1 实测法 ▶

实测法（measure method）是一种借助于仪器设备进行实际测量的方法。例如，对人体静态与动态参数的测量，对人体生理参数的测量或者是对系统参数、作业环境参数的测量等。测量方法是人机工程学中研究人形体特征的主要方法，许多国家已经把这些测量结果编辑成手册供各行业的专业人员参考。在我国，这方面工作还很薄弱，设计师有时有必要自己动手通过实测获得有关数据。常用的有以下几种：

①尺度测量：最常用的一种仪器叫马丁测量仪，是由一些直尺、角尺、卡钳组合而成，在没有这种仪器时，用一般的类似工具完全可以代替。

②动态测量：测量人体在动态过程中某部位的运动轨迹、活动范围等。可用照像连续曝光的方式获得，也可以在所需的部分安上小灯泡，在黑暗的背景条件下用照相机的B门摄影，比较高级的方法是将上述的连续图像输入计算机处理。

③力量测量：采用一般的拉力计、压力计、扭力计、握力计即可进行大多数的力量测量。

④体积测量：最简单有效的办法是排水法。

⑤肌肉疲劳测量：采用生物电流计测量，这种仪器可将由于肌肉疲劳引起的肌肉化学变化转变成的电信号，绘制成肌电图。

⑥其他生理变化的测量: 如呼吸、心跳、耗氧量、排汗量、血压等生理变化的测量, 可以借助相应的医学仪器完成。

4.2 观察法

▶ 观察法 (observation method) 是指调查者在一定理论指导下, 根据一定的目的, 用人的感觉器官或借助一定的观察仪器和观察技术 (计时器、录像机等) 观察、测定和记录自然情境下发生的现象的一种方法。例如, 观察作业的时间消耗, 流水线生产节奏是否合理, 工作日的时间利用情况、动作分析等。观察法又可分为参与观察 (观察者以内部成员的角色参与活动) 和非参与观察 (观察者以旁观者身份进行观察, 不参与被观察者的任何活动)、结构式观察 (根据预先设计的表格和记录工具, 并严格按照规定的内容和程序观察物质表征、动作行为、态度行为等方面) 和无结构式观察 (对观察的内容、程序事先不作严格规定, 依现场的实际情况随机决定观察)、直接观察 (直接观察人的行为) 与间接观察 (对自然物品、社会环境、行为痕迹等事物进行观察, 以间接的材料反映调查对象的状况和特征, 如损蚀物观察、累积物观察) 等类别。观察法也有其局限性, 如大量的观察资料难于数量化、样本比较小等。

4.3 作业姿势的记录与评估

▶ 有两种方法用来记录姿势。一种是假设给定的姿势并观察它们实际上间隔多久发生。例如: 定义所谓的前期, 中期和后期的坐姿 (观察对象的任何前倾, 居中就坐或是倾斜向后)。但是这些"纯"姿势在作业中是几乎看不见的。另一种是对于身体部位确切位置的细节描述并进行记录, 这个过程非常便利, 可由一人集中专注于独特、重要的身体部分并记录它们的位置, 用标准化术语描述。其他的技术, 如提供一组观察者选择的最具代表, 符合实际情况的预先成型的身体一体段位置, 记录在作业场可能观察的结果, 记录可以通过电影或录像方式进行。这些方法和技术在运用中已经取得了一些成功, 虽然可靠性, 重复性和所用时间在程度上各不相同。但是要获得完全令人满意的技术仍然需要集可靠性、精确性、重复性和可用性于一体的不断发展和完善。通过对作业姿势的有效观察与记录, 可以发现不合理的作业姿势, 从而找到设计上的合理解决办法。

4.4 试验法 ▶

试验法 (experiment method) 是在人为控制条件下, 系统地改变一定变量因素, 以引起研究对象相应变化来做出因果推论和变化预测的一种研究方法, 是人机工程学研究中的重要方法。其特点是可以系统控制变量, 使所研究的现象重复发生, 反复观察, 不必如观察法那样等待事件自然发生的被动性, 使研究结果容易验证, 并且可对各种无关因素进行控制。试验中研究者控制自变量, 如照度、标志大小、仪表刻度、控制器布置、作业负荷等, 稳定、精确地引发因变量的相应变化, 如反应时间、失误率、反应频率、质量和效率等效绩指标, 同时还要排除干扰变量的影响。例如, 采用随机或抵消等方法消除被试差异和测试顺序产生的干扰效应, 以此发现自变量与因变量之间的规律, 探寻最合理的人机关系。

4.5 模型试验法 ▶

在一些复杂的系统、危险的情境或预测性的研究中, 常采用模拟和模型试验法, 如操作训练模拟器、机械的模型以及各种人体模型等, 可以对系统进行逼真的试验, 从而获得现实情况中无法或不易获得的数据。以模型辅助设计是设计师必不可少的工作方法。设计师可通过模型构思方案, 规划尺度, 检查效果, 发现问题。有效地利用模型是提高设计成功率的好办法。设计中应用的模型有如下两类:

①有关人的模型: 最简单的是平面人体模板, 可根据需要制成1:1、1:2、1:5、1:10等各种比例, 用于推敲尺度。三维人体模型在服装、汽车行业方面应用普遍。
②有关物的模型: 将设计中的构思用简单材料制成1:1的模型进行操作检验, 是设计中最常用的方法。有时一个设计课题, 这种设计模型要做好几次, 因此, 模型应尽可能简单便宜。

4.6 分析法 ▶

分析法 (analysis method) 是在实测法和试验法的基础上进行的。如果要对人在操作机械时的动作进行分析时, 首先需进行实测, 即将人在操作过程中所完成的每个连续动作用仪器或摄影逐一记录下来; 然后进行分析研究, 以便排除其中的无效动作, 纠正不良姿势, 从而有效地减轻人的劳动强度, 提高工作效率。特别是对一种动作在一个作业班次内要重复成千上万次的时候,利用这种方法,即使只去掉或改进一个动作,都会对提高生产效率起着重要作用。在分析法中,通常要研究自变量和因变量两种变量。自变量就是实测的资料(因素),如作业器具的尺度、照度值等因素;因变量是随自变量而变化的因素。研究这两种变量的关系,以便找出其中的规律,为设计提供可靠的依据。

4.7 调查法 ▶

调查法(survey method)是获取有关研究对象材料的一种基本方法。人机工程学中许多感觉和心理指标很难用测量的办法获得。有些即使有可能,但从设计师工作范围来看也无此必要,因此,设计师常以调查的办法获得这方面的信息。调查的结果尽管较难量化,但却能给人以直观的感受,有时反而更有效。调查工作的原则是在较短的时间内,花费较少的人力、物力获取最有效的信息。设计师应认真选择调查对象、调查渠道和调查方法。

它具体包括访谈法、考察法和问卷法。

①访谈法是研究者通过询问交谈来搜集有关资料的方法。访谈可以是有严密计划的,或是随意的。无论采取哪种方式,都要求做到与被调查者进行良好的沟通来配合,引导谈话围绕主题展开,并尽量客观真实。

②考察法是研究实际问题时常用的方法。通过实地考察,发现现实的人-机-环境系统中存在的问题,为进一步开展分析、实验和模拟提供背景资料。实地考察还能客观地反映研究成果的质量及实际应用价值。为了做好实地考察,要求研究者熟悉实际情况,并有实际经验,善于在人、机、环境各因素的复杂关系中发现问题和解决问题。

③问卷法是研究者根据研究目的编制一系列的问题和项目,以问卷或量表的形式收集被调查者的答案并进行分析的一种方法。例如,通过问卷调查某一种职业的工作疲劳特点和程度,让作业者根据自己的主观感受填写问卷调查表,研究者经过对问卷回答结果的整理分析,可以在一定程度上了解这种职业的工作疲劳主要表征和疲劳程度等。这种方法有效应

用的关键在于问卷或量表的设计是否能满足信度、效度的要求。所谓信度即准确性，或多次测得结果的一致性；效度即有效性，确保测得结果符合研究需要。这是唯一适合大规模开展的调查方法，其效果的好坏完全取决于如何设计和发放问卷。设计成功的问卷问题不多，回答容易，但可以从中获取多方面的信息。设计不成功的问卷，问的问题模棱两可，使调查对象难以回答，得到的结果集中程度差，缺少说服力。问卷设计是一门单独的学问，有专门著作论述，本书不再赘述。

4.8　感觉评价法　▶

感觉评价法（sensory inspection）是运用人的主观感受系统的质量、性质等进行评价和判定的一种方法，即人对事物客观量做出的主观感觉度量。在人机工程学的研究中，离不开对各种物理量、化学量的测量，如噪声、照度、颜色、干湿度、气味、长度、速度等，但还须对人的主观感觉量进行测量。客观量与主观量之间存在一定差别关系。在实际的人机环境系统中，直接决定操作者行为反应的是其对客观刺激产生的主观感觉。因此，对人有直接关系的人—机—环境系统进行设计和改进时，测量人的主观感觉非常重要。这种方法在心理学中经常应用，称之为心理测量法。过去感觉评价主要依靠经验和直觉，现在可应用心理学、生理学及统计学等方法进行测量和分析。

感觉评价对象可分为两类：一类（A）是对产品或系统的特定质量、性质进行评价，另一类（B）是对产品或系统的整体进行综合评价。现在前者可借助计测仪器或部分借助计测仪器进行评价，而后者只能由人来评价。感觉评价的主要目的有：按一定标准将各个对象分成不同的类别等级，评定各对象的大小和优劣，按某种标准度量对象大小和优劣的顺序等。

感性评价简单地说就是让使用者用语言表达出对已有设计的感受或自己头脑中所期待产品的要求。这个环节是设计人机关系改进过程中非常重要的一环。由于本能的关系，通常多数人对已有产品的评价会非常接近，而多数人提出的产品缺陷势必具有改进的必要，针对产品缺陷提出的意见或建议都可以成为改进设计的有力依据。日本早在20世纪80年代就已经提出"感性工学"的概念，即以工学的手法，设法将人的各种感性定量化（或称为"感性量"），再寻找出这个感性量与工学中所使用的各种物理量之间的高元函数关系，作为工程施行的基础。这个感性量应包含生理上的"感觉量"和心理上的"感受量"，简单说就是将人们的想象及感性等心理翻译成物理性的设计要素，具体进行开发设计的技术。我们可以把感性工学系统分为顺向型与逆向型两类。顺向型指将感性需求转译为设计要素，进行开发；逆向型指将设计提案转译并进行感性评价，上面说到的计算机虚拟辅助手段（如POSER）若结合具体设计，亦可作为感性评价的对象。在使用者们对设计方案与使用方式的配合关系进行初评之后，设计者便可以挑选最有实现性的方案进行模型制作，这样不但降低了模型制作成本，也降低了人力的耗费。如何提出感性评价并准确得出有用结论呢？除了一般情况下人们以口述形式快速表达感受外，若遇到诸如服装面料、空间、光线强度等感受微妙的设计领域时，最好让受测者在接受不同程度的外在刺激后，以问卷方式陈述自己的感受，其中最典型的方法就是语意差异法（Semantic Differential Technique）。语意差异法是由美国心理学家Charles E. Osgood等人在1957年提出的，是用以研究事物意象的一种实验方法。在进行实验时，要求受试者在一些意义对立的形容词所构成的量尺上，对一种事物或概念进行评估，以了解该项事物或概念在各方面所具有的意义及其"分量"。因此，此种方法不仅可以限制联想，而且可将感觉加以量化。

感性评价的难度在于，多数人或许无法很快从大量的形容词中找出最贴切的表达方式，而为了把人的内心感受较准确地挖掘出来，设计师需要事先考虑好询问的方式、问题或是给出可供选择的答案。调查的人群需要有足够的数量，人群的种类要能覆盖不同的年龄层、不同的知识结构、不同的性别等，以确保调查结果的准确性。有些被调查者没有专心致志地完成答卷，这就会给统计的准确性带来偏差。为了避免这种情况的发生，在问卷的提问方式上，应注意技巧，可以在前后设置一些相关问题，这样可以看出答卷人回答试题是否认真。许多调查没能对设计起到帮助的原因是调查者只是收集到一些简单的形容词，但无法将这些形容词与造型联系到一起。因此既然是做造型设计，便应该将调查的内容尽可能地与造型结合起来供使用者评价，或努力将形容词汇变成相关联的造型要素。这是确保设计成员之间能够很好地传达与沟通调查结果，并将其转化为优良设计的条件。当设计者将根据形容词物化的造型混合其他一些造型重新拿给使用者作感性评价时，若使用者能够准确地将他的形容对应为这个造型，便可以把设计这一看似难以捉摸的过程变得理性、科学且快速。其原因在于，每个设计师个体的感受很难准确代表诸多使用者的感受，而既然产品是为使用者设计的，当然应该将设计要素与使用者的评价真正一一对应起来。

4.9　心理测验法　▶

心理测验法 (method of psychology test) 是以心理学中个体差异理论为基础，对被试个体在某种心理测验中的成绩与常模作比较，用以分析被试心理素质的一种方法。这种方法广泛应用于人员素质测试、人员选拔和培训等方面。心理测验按测试方式分为团体测验和个体测验。前者可以同时由许多人参加测验，比较节省时间和费用；后者则个别地进行，能获得更全面和更具体的信息。心理测验按测试内容可分为能力测验、智力测验和个性测验。测验必须满足以下两个条件：

①必须建立常模。常模是某个标准化的样本在测验上的平均得分，它是解释个体测验结果时参照的标准，只有把个人的测验结果与常模作比较，才能表现出被试的特点。
②测验必须具备一定的信度和效度，即准确而可靠地反映所测验的心理特性。人的能力等心理素质并非是恒常的，所以不能把测验结果看成是绝对不变的。

4.10　数据处理的方法　▶

当设计人员测量或调查的是一个群体时，其结果就会有一定的离散度，必须运用数学方法进行分析处理，才能转化成具有应用价值的数据库，对设计产生指导意义。常用的数据处理方法叫作抽样调查方法，是根据部分实际调查结果来推断总体标识的一种统计调查方法，可应用于对各种自然现象和社会现象的调查。人机工程学的许多数据调查均是用这种方法。

上面所述仅是设计师最常运用的研究方法。在实际设计活动中，设计师经常要根据情况创造一些临时的办法。从工业设计活动的特点来看，无论掌握多少方法也不会够用。因此，自己创造研究方法的意识就显得尤其重要。

4.11 计算机仿真法 ▶

由于人机系统中的操作者是具有主观意志的生命体，用传统的物理模拟和模型方法研究人机系统，往往不能完全反映系统中生命体的特征，其结果与实际相比必有一定的误差。另外，随着现代人机系统越来越复杂，采用物理模拟和模型方法研究复杂人机系统，不仅成本高、周期长，而且模拟环境和模拟装置一经定型，就很难修改变动。为此，一些更为理想而有效的方法逐渐被研究创建并得以推广，其中的计算机数值仿真法（method of computer simulation）已成为人机工程学研究的一种现代方法。数值仿真是在计算机上利用系统的数学模拟进行仿真性试验研究。研究者可对尚处于设计阶段的未来系统进行仿真，并就系统中的人、机、环境三要素的功能特点及其相互间的协调性进行分析，从而预知所设计产品的性能，并进行改进设计。应用数值仿真研究，能缩短设计周期，并降低成本。

人机工程学的研究方法还有很多，如工作研究（方法研究和时间研究）、使用频率分析、设备关联性分析、系统分析评价法，以及相关学科的研究方法。

> **本章思考题：**
> (1) 简述人机学的研究方法都有哪些?
> (2) 思考并举例说出这些方法在调查过程中的切入时机。
> (3) 思考并说出几种设计师需要的研究方法。

第5章　应用人体测量
数据

为了使各种与人体尺度有关的设计对象能符合人的生理特点,让人在使用产品时处于舒适的状态和适宜的环境之中,就必须在设计中充分考虑人体的各种尺度,一切操作装置都应设在人的肢体活动所能及的范围之内,其高低位置必须与人体相应部位的高低位置相适应;而且其布置应尽可能设在人操作方便、反应最灵活的范围之内。因而也就要求设计师能了解一些人体测量学方面的基本知识,并能在设计过程中正确使用这些尺寸。本章我们就来学习人体测量参数和数据应用的知识,这在工业设计应用人机学的研究范畴内是十分重要的。

5.1　人体测量学相关内容 ▶

人体测量学是研究用何种仪器与方法,测量产品设计时所需的人体各有关参量。以研究人的形态特征,确定个体之间和群体之间的差异,以及如何将这些人体参数应用于产品设计的学科。人体参数包括: 人体尺寸、体表面积、肢体容积、肢体重量与重心等,其中人体尺寸测量是借助人体各部分的尺寸和比例来研究人体的方法,是人机工程学的基础。

从实用角度来看,人体测量内容一般有以下三类。①形态的测量: 主要有人体尺寸测定;人体体型测定;人体体积和重量的测定;人体表面积测定。②生理的测定: 主要内容有人体出力测定;人体触觉反应测定;任意疲劳测定等。③运动的测定: 主要内容有动作范围测定;动作过程测定;体形变化测定;皮肤变化测定等。

人体尺寸是设计师确定其产品尺寸的重要依据之一。作为产品的设计师必须了解人体各部分的尺寸,只有这样,才能预先确定产品的使用者在其有关位置上的能见范围和活动范围,并针对这些要求从人体的极限尺寸和所能采取的姿势的角度进行分析和做出判断。这样的判断对未来产品的影响极大,它不仅影响操作效率和产品的外形,而且对安全也至关重要。可以设想,如果安装的应急按钮使大多数人伸长手臂都无法触及的话,其后果是可想而知的。然而,由于人体在尺寸方面存在着较大的差异,要正确地测量人体是一件相当困难和乏味的工作。通常涉及的人数很多、面很广,并需要用特殊的设备。目前,大部分可供采用的参考数据主要来自军队或大学, 因而这些数据相对来说更适合于青年人。从已发表的各种文献中取得的人体测量学资料, 由于存在许多局限, 在使用时必须十分谨慎。这些局限性是由测量误差、测量技术的变化, 对象的性别, 非典型取样以及对象是否穿着衣服等因素造成的。

5.2 人体测量数据的分类 ▶

人体测量数据可分为静态与动态两种: 前者如其定义所表明的, 主要取自静态、裸体并采取规范化姿势的人体对象; 后者的人体测量数据比较复杂, 一般具有三维空间, 涉及由四肢挥动所占有的空间体积与极限。这时不仅要考虑人体的静止尺寸, 还必须考虑由关节类型和衣着所限定的约束类别。如球形铰座的髋骨节运动的自由度与"铰链式"约束的肘关节运动的自由度就有区别。表5-1与表5-2分别列出了中国成人男女人体主要尺寸及中国成人男女人体功能尺寸 (GB 10000—1988《中国成年人人体尺寸》)。

表5-1　中国成人男女人体主要尺寸 (mm)

性别	男 (18—60岁)					女 (18—55岁)				
百分位数	5	10	50	90	95	5	10	50	90	95
身高	1583	1604	1678	1754	1755	1484	1503	1570	1640	1659
上臂长	289	294	313	333	338	262	267	284	303	308
前臂长	216	220	237	253	258	193	198	213	229	234
大腿长	428	436	455	496	505	402	410	438	467	476
小腿长	338	344	369	396	403	313	319	344	370	375
立姿会阴高	728	741	790	840	856	673	686	732	779	792
坐姿肩高	557	566	598	631	641	518	526	556	585	594

表5-2　中国成人男女人体功能尺寸 (GB1000—1988《中国成年人人体尺寸》) (mm)

性别	男 (18—60岁)			女 (18—55岁)		
百分位数	5	50	95	5	50	95
坐姿上肢前伸长	777	834	892	712	764	818

静态和动态的人体测量学数据对产品设计有很大帮助。静态尺寸可以通过固定身体部位、标准姿势获得。静态人体测量学尺寸主要包括: 身高、眼高、手掌长度、腿高和坐高。这些人体尺寸很容易通过人体测量仪器和工具获得。

功能或动态尺寸是人在工作姿势下或在某种操作活动下测量的尺寸（也可在非连续动作条件下测得）。功能或动态尺寸包含着身体运动的一些形式。动态人体测量的特点是，在任何一种身体活动中，身体各部位的动作并不是独立无关，而是协调一致的，具有连贯性和活动性。例如，臂能及的最大距离除了手臂的长度和手的位置影响外，还受肩膀和躯干运动的影响。因而，获得适合的应用功能尺寸比较麻烦。

5.3 人机工程学人体测量 ▶ 中有关统计的概念

1. 正态分布

进行人身尺度数据的测量，通过对大量人员的测量后的测量结果，是中等身高的人数量最大，离平均值愈远的人数愈少，形成了一个中间大两头小的曲线，这种规律叫作"正态分布"。

2. 平均值（Mean）、中值（Median）、众数（Mode）

平均值，表示全部被测者的数据集中趋向于某一个值，这个值称平均值。中值，表示全部受测人数有一半身高在这个数值以上，另一半在这个数值以下。众数表示人数最多的那个身高尺寸，即曲线的顶点。在标准正态分布中，平均值、中值和众数非常接近，常把它们看作一个数值统一用M表示。

3. 标准差（Standard Distribution）

标准差通常表示为SD，表示测量值对平均值的集中或离散的程度，在身体测量中，不仅可测得平均值，还要通过一定的数值处理得到标准差，才能完整地描述被测群众的整体特征。在实际应用中常用平均值决定设计的基本尺寸，以标准差乘以一个系数决定调节量，系数的大小由"适应域"决定。

4. 适应域

对于设计而言，不可能满足所有的使用者，而只能适应于大多数人。这个适应于大多数人的范围，称为适应域。适应域越宽，产品的适应面就越大。

5. 百分位

百分位是指分布的横坐标用百分比来表示所得到的位置。用百分位可表示"适应域"。一个设计只能取一定的人体尺寸范围，这部分人只占整个分布的一部分"域"，称为适应域。如适应域90%就是指百分位5%~95%之间的范围。百分位由百分比表示，称为"第X百分位"。如50%称为第50百分位。

6. 百分位数

百分位数是一种位置指标，一个界限值，以符号PK表示。百分位数是百分位对应的数值，在人体尺寸中就是测量值。一个百分位数将总体或样本的全部测量值分为两部分：有K%的测量值等于和小于它，有(100-K)%的测量值大于它。例如身高分布的第5百分位数为1583mm（即K=5，见表5-1），表明有5%的人身高等于或低于这个高度，有(100-5)%，即95%的人身高大于这个高度。

人体测量学数据通常用带有数字的表格显示，在人体测量数据表中常出现的人体尺寸，一般都提供男性和女性的第5、50、95百分位数值。偶尔也提供第1和第99百分位数据和标准偏差。对于未给定的特殊尺寸百分位值数据，则可以根据该尺寸的平均值和标准偏差计算出百分位数值。如果缺少第50个百分位数值，可以通过第5个和第95个百分位数值的算术平均值获得。

5.4 人体测量数据在产品 ▶ 设计中的应用

为在产品设计中正确使用人体测量数据应遵循以下基本步骤：

①识别所有与产品设计相关的人体尺寸。

②确定预期的用户人群。

③选择一个合适的预期目标用户的满足度。

④获取正确的人体测量数据表并找出需要的基本数据。

⑤确定各种影响因素，并对从表中得到的基本数据予以修正。

下面将讨论每一个步骤。

1. 识别所有与产品设计相关的人体尺寸

通常如果设计师明确产品的使用方式,要识别与产品设计相关的人体尺寸并不困难。表5-3列举了几类产品的人体测量学相关尺寸。一般来说,与产品有直接接触的人体部位尺寸比较重要。因此,对于那些需要穿戴(如服装、太阳镜和手表)、抓握(如电吹风、电话听筒和高尔夫球棒)或携带(如公文包、手电筒、背包)和坐(如椅子)的产品而言,这类人体相关部位的尺寸就特别重要。其他与设计有关的人体测量尺寸包括:预留尺寸(如手宽和臀宽)和为了用户的安全、舒适而确定放置显示器、控制面板和工作面的合理尺寸(如坐姿时的眼高、手能伸展开的最大尺寸),如表5-4所示。

表5-3　提供了设计细节中的关键人体测量数据的选择依据

产品	相关尺寸
汽车	静态:坐高(挺直)、坐姿眼高、肩宽、胸高、前臂长、臀宽以及手和脚的各部位尺寸 动态:功能极限尺寸(臂和脚)、最佳视角
自行车	静态:手宽、脚宽、前臂宽、臀宽、胯宽 动态:臂的功能极限尺寸、腿的机能极限尺寸
计算机终端	静态:坐姿眼高、指宽 动态:最佳视角、手指的功能极限尺寸(键盘输入)、臂的功能极限尺寸(触摸屏)
潜水罩	静态:脸部宽度、两眼的宽度、头围
割草机	静态:肘高和指尖高(立姿)、前臂宽
办公桌椅	静态:体重,肘的高度、膝高、臀宽(坐姿)、股骨长度、腰的高度、膝盖的高度
立体声听筒	静态:耳长、耳宽、耳廓凸出程度
手持式计算器	静态:手掌宽、手掌长、手长

表5-4　设计细节中关键人体测量数据的选择依据

项　目	取适应大多数的人体尺寸	注　释
通道人口	应取允许95%的男性通过的高度	其余5%的高个可低下头通过

项　目	取适应大多数的人体尺寸	注　释
应急出入舱口	其宽度应允许99%的男性通过	应考虑通行者的穿着,这里的宽度如取平均值,会使50%的人无法通行
控制板 (非紧要的)	各旋钮间隔应允许90%的男性使用	如带手套操作,各旋钮间距应留得更大
仅允许旋凿进入的孔眼	其孔径应取最小,只有1%的男性手指可通过	设计应确保不让人的手指插入这样的孔眼

2. 确定预期的用户人群

有关用户特征的信息可以从产品开发计划阶段所形成的用户模型中获得。了解用户的民族和性别也必不可少。特别是为儿童设计产品时还必须掌握用户的年龄。有时,如能了解用户的职业情况也会助设计一臂之力。人体测量数据是否合适取决于被调查的用户和预期用户群体之间的相似性。

3. 选择一个合适的预期目标用户的满足度

满足度——所设计的产品在尺寸上能合适地满足使用它的用户与目标用户总体的比,通常以百分率表示。一个合适的满足度的确定主要根据设计该种产品的依据:目标用户总体的人体尺寸的变异性,生产该种产品时技术上的可能性和经济上的合理性而综合考虑。变化范围小——用一个尺寸规格覆盖整个变化范围。变化范围大——用几个尺寸规格的产品覆盖整个变化范围。自然,对于每一项设计总希望能够完美地适应所有人,但在实际上这是不可能的。出于经济的考虑,常常确保其90%的满足度。如果可能的话,设计师应尽量取到95%~98%。显然,在涉及与安全相关的问题时,尽管从经济的角度出发仍可能再次排除直接为少数具有极端尺寸的人员设计,这时就必须采取某些必要措施,如可以对操作人员进行选择,以限制操作人员的尺寸大小等。

4. 获取正确的人体测量数据表并找出需要的基本数据

针对国内市场的产品可主要依据国家标准GB　10000—1988《中国成年人

人体尺寸》，该标准提供了中国成年人共7类47项人体尺寸基本数据。由于种族等原因，人体尺寸有很大差异。以身高为例，1962年部分国家数据如下（单位：mm）：（白）美国1793、英国1736；（黑）科特迪瓦1665；（黄）中国北方1680、中国南方1630，日本1609。当然这种差异不仅仅是尺寸上的，还有比例上的差异。因此，在设计以进入国际市场为目标的产品时还必须注意相关国家与地区的人体尺寸数据。除此之外，还有上千种其他的人体测量数据。其中大部分针对如空军飞行员、飞机驾驶员、空姐、机组调度者这样的专业人群。专业人群的人体测量数据往往不适合用作一般产品的尺寸设计依据，因为这类数据通常不包括一般人群的极端情况（如特别高或特别矮的个子）。因此，设计产品时，如以专业人群95%的测量数据为依据，可能仅满足一般人群的75%。

5. 确定各种影响因素，并对从表中得到的基本数据予以修正

大部分人体测量数据常取自裸体或衣着单薄的对象。但在具体设计中，还必须考虑操作者的实际衣着和他们所佩戴或携带的其他设备。如安全帽盔、工作靴以及测量或试验用的仪器、维修工具等。表5-5提供了在采用基本的人体测量学数据后，由于上述因素所必须考虑的一般调整量。

表5-5　穿着衣服后男性身体各部分增加的尺寸　　　　　　　　　　　　　　　(mm)

身体部位	轻装夏装	冬装外套	轻便劳动服靴子和头盔
身高	25~40	25~40	70
坐眼高	3	10	3
大腿厚	13	25	8
脚长	30~40	40	40
脚宽	13~20	13~25	25
后跟高	25~40	25~40	35
头长			100
头宽			105
肩宽	13	50~75	8
臀宽	13	50~75	8

此外，在有些场合还应该考虑紧急情况下的条件。如在应急时动用的疏散通道，就必须考虑在必要时允许穿戴防护头盔、特种服装或携带氧气瓶、太平斧，甚至扛担架的救援人员通过。为老年人和残疾人的设计更面临特殊的挑战。例如，老年人的肢体伸展范围就不同于年轻成年人；坐在轮椅上的人，其视力和肢体所能伸展的范围与正常人相比，肯定也不一样。表5-6~表5-9，给出了这两类特殊人群的人体测量数据。

由于人体尺寸会随着年龄而变化，因此了解用户的年龄十分重要。例如，从出生到25岁人的身高会一直增长，过后会略有下降。此外，人体尺寸在代与代之间也会存在差异。因此，应以近15年内搜集到的人体测量数据为准。

对于可调节的尺寸，如汽车驾驶座椅、保险带长度和限位装置，自行车坐垫高度等调节范围的确定，其调整幅度应能适应90%的人员。如果产品可以调节，要实现满足90%预期用户的调节范围应从相关人体尺寸数值的第5个百分位和第95个百分位中确定。提供可调性很合理，这样，用户可以根据个人的需要调节产品的尺寸。一旦由用户调节到合适程度，产品更易使用（如双目镜和汽车），更舒适（如办公椅和立体耳机）。此外，姿势与尺寸之间也有相当密切的关系，设计应允许操作者变换姿势，因为限制运动通常易引起疲劳。

当设计者具体运用从本书或其他资料中获取的人体测量资料转化到实际的二维或三维模式中去时，还会碰到一些麻烦，这时不妨可以根据掌握的人体测量数据自制一些带有关节的二维人体模型，并将其放置在以同样比例绘制的设计图样上，用以获得人体能达到的活动范围和净空间的估计数据。但是，在使用这样的模型时，必须时时记住两个关节间的连接长度，即使非常正确也未必能表明关节运动的真正限度。当然，倘若可能，可由用户在模型上进行模拟操作，因为没有任何方法可比由用户直接在与实际产品完全相同的模型上进行模拟操作更有效。但若无法实现这一点，通过仔细、谨慎地使用各种人体测量数据对避免设计中某些易犯的错误

表5-6　老年男子的人体测量尺寸

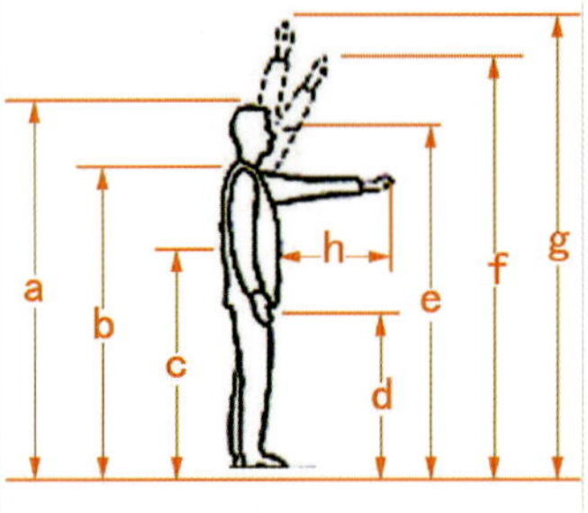	2.5% cm	50% cm	97.5% cm
a. 头高	162	177	189
b. 肩高	131	143	155
c. 肘高	101	113	122
d. 关节高	67	76	85
e. 眼高	152	165	177
f. 倾斜垂直能及的最大距离	177	195	213
g. 垂直能及的最大距离	192	210	229
h. 向前能及的最大距离	46	55	64

表5-7　老年女子的人体测量尺寸

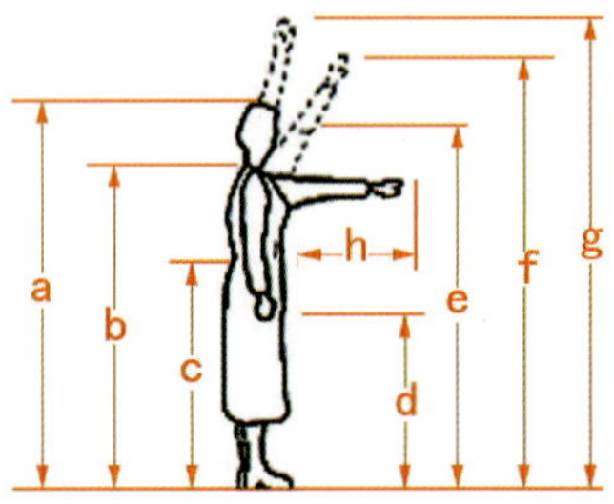	2.5% cm	50% cm	97.5% cm
a. 头高	143	155	168
b. 肩高	119	128	140
c. 肘高	91	101	110
d. 关节高	64	73	82
e. 眼高	131	143	155
f. 倾斜垂直能及的最大距离	155	171	186
g. 垂直能及的最大距离	168	186	204
h. 向前能及的最大距离	40	46	52

表5-8 成年男性坐在轮椅上的人体测量尺寸

	2.5% cm	50% cm	97.5% cm
a. 垂直所及的最大距离	158	171	183
b. 头高	122	134	146
c. 肩高	94	104	116
d. 肘高	64	70	76
e. 关节高	37	40	43
f. 椅高	9	15	21
g. 椅子的前边缘	—	49	—
h. 膝盖的水平高度	55	61	67
i. 眼的水平高度	110	122	134
j. 向前垂直所及的最大距离	131	140	149
k. 倾斜垂直所及的最大距离	149	158	168
l. 向前所及的最大距离	46	55	64

表5-9 成年女性坐在轮椅上的人体测量尺寸

	2.5% cm	50% cm	97.5% cm
a. 垂直所及的最大距离	143	158	171
b. 头高	113	125	137
c. 肩高	88	101	109
d. 肘高	61	70	76
e. 关节高	40	43	46
f. 椅高	9	15	21
g. 椅子的前边缘	—	49	—
h. 膝盖的水平高度	55	61	67
i. 眼的水平高度	104	116	128
j. 向前垂直所及的最大距离	119	131	143
k. 倾斜垂直所及的最大距离	134	146	158
l. 向前所及的最大距离	40	49	57

是大有裨益的。随着计算机技术的发展，还可以利用计算机来建立人体模型，以检验所设计的产品与人体有关的尺寸是否符合人体测量学的要求。例如，可以利用系统建立的三维人体模型检验所设计的汽车座舱的高度、座椅及操纵动作，模拟人的操作行为，如骑自行车、操纵方向盘等。这种活动的人体模型在表现人体的动态测量数据方面尤为方便、有效。

当然作为工业设计师还有一个比较容易上手的人体尺寸调查测量方法，就是摄影法。测量注意要点：

①做好测量前准备，拍摄环境尽量清洁，做好背板的布置，备板上画好坐标格 (1cm×1cm) 或粘贴坐标纸。

②分成小组作业，每组最好多部相机，这样可以多角度 (正视角度) 对一个身体尺寸或动作实拍。

③拍摄记录前，本组做好动作预想设计，布好拍摄环境。

④调查动作特征时，可以拍摄动态录像作为取材。

⑤一位同学做文字记录，主要是记录被拍摄、被调查者的主观不舒适区域的阐述，并可以适当地设计一些问题提问，按序号记清楚。

⑥配备透明的直尺、三角板、量角器等。

⑦测量后，电脑整理 (在排版软件上，坐标纸的单位尺寸在电脑上的显示长度必须保持一致)，分析出规律分布，计算总数、均值、适应域等主要的人机数据。

本章思考题：
(1) 什么是人体测量学？
(2) 人体测量数据如何分类？
(3) 了解人机工程学人体测量中有关统计的几个概念。
(4) 思考人体测量数据如何在产品设计中的应用，并举例说明。

第6章 工业设计应用人机学的一般参考准则

人机工程学的研究成果为工业设计中的产品提供了设计准则,作为工业设计师可以用来参考。人机工程学为工业设计的开展给出了依据,开拓了新设计思路,并提供了独特的以人为中心的理论支撑。社会发展,技术进步,产品更新,生活节奏紧张,这一切必然导致"产品"质量观的变化。人们将会更加重视"方便""舒适""可靠""价值""安全"和"效率"等方面的评价,人机工程学的发展和应用,也必须会将工业设计的水准提到人们所追求的那个崭新高度。

6.1 以手为中心的设计 ▶

人类的手是一个极其复杂的器官,能够进行多种活动。它既能做出精确的操作,又能使出很大的力(当然脚和腿能比手施出更大的作用力)。然而,手又是由一些易受伤害的解剖学结构组成。如果产品设计不合理,让手负担过重或受到挤压,必会损伤结构。如果手持式产品与手交互的界面设计得合理,将会避免这些损伤,并能提高产品的使用性能。

一个人可能以这样的方式进行双手的作业:
①熟练操作对象,几乎不必移动位置和只施很小的力,如用手写字,装配小的部件,以及控制的调整;
②迅速移动的目标对象,需要在准确到达目标的同时使用恰当的力量,如控制开关的开闭;
③目标间的快速移动,通常需要准确性但几乎不用力气,例如装配作业,安装一个部件,超市的收银动作等;
④很少或有适度移动幅度的强力活动(比如有许多五金工具的使用,如何克服阻力,转动一个手动工具);
⑤有较大动作幅度的强力活动(例如,锤打)。

因此,有三个主要参数:准确性,力量,动作幅度,可以以此描述手的特征动作。如果一个人的上肢从一个"参考姿势"开始运动:上臂向下运动;上臂与前臂夹角呈直角,即前臂是水平的,并向前延伸;另外手腕呈一直线。这样,手和前臂基本位于与脐部同一高度的水平线上。

小距离, 大目标, 能够实现准确而且快速的运动。因为这样, 手指能够进行最快速而且最正确的动作。小距离, 指仅仅只有前臂运动, 即除了上臂, 都是固定的。握持的力量随着握持手的指距而变化。例如, 当握持指距小于2.5cm或大于7.5cm时捏握的力量明显减少。最大的捏握力量相当于一个人最大力量握持力的25%。健康成年人的力量握持力在女性第5个百分位的192N与男性第95个百分位人群的729N之间变化。为将损伤的危险性降到最低, 就应避免任一方向上同时出现较大的手腕转动力与最大的把握力量。这就要求产品手柄的物理形状 (包括手柄和手柄的方位, 合适程度) 应该引导用户正确地握持。

对于接触类型的连接必须注意细节设计, 手和手柄的接触面要合适。当然, 在按钮表面可形成较小的凹坑以避免指尖的滑移; 解剖刀柄的中间可形成缺口, 以便指尖更灵活地操作; 牙医工具的柄部制成粗糙的表面, 防止使用时打滑。因此, 注重细节在设计手动工具中担任着重要的角色, 尤其在一些小工具的设计中, 只有重视了细节设计才能更好地控制工具, 更准确地移动它并产生所需的力或转力矩。

对于用力类型的连接, 由于涉及手和工具之间大的力量的传递, 要重视"安全手动工具的使用"的规定。设计的目的要考虑安全地支撑手柄 (避免引起肌肉疲劳和压力点)。

此外, 识别对于作业对象的作用力和手与手间的作用力关系也十分重要。在许多情况下, 直接作用于外部物体的力量类型、数量及时间上是不同的。同样, 手与手柄间的作用力也因具体情况而有变化。举例来说, 比较槌头传递给物件的冲击力与手和槌头手柄间传递的力量, 或者比较螺丝刀拧螺丝的转力矩和手产生的力和反力矩。因此必须同时考虑工具和物件两者的接触面, 以及工具和手之间的接触面。

前臂能产生较大的力矩, 大的力量和转力矩矢量应尽量和肘部垂直。假如身体能够被坚固的结构支撑, 朝着或远离肩部的最大拉／推动力能够通过伸展的手臂发挥出来。被用来控制或操作产品的握持力依赖于下列因素: 把握的实际意图, 力量和用户手的尺寸。身体比例可能也是最重要的因素。例如, 对儿童来说, 为了拾起一个小物体可能需要强力握持而对于成年人完成此动作仅需拇指和食指就可以了。不论男女, 百分之九十以上, 是惯用右手握持工具作业的, 因而大部分工具被设计得只适合右手使用。但也有约百分之十的人习惯用左手, 并且他们的左手还有较好的技术和较大的力。因此, 有必要提出, 如果需要, 手动工具可以明确为使用左手者进行设计, 或设计成左右手都能使用。

为安全和避免损伤, 产品的使用应确保作用力施加在手的不易受伤害的部位上。这些部位包括像手指节、拇指下以及第5个手指以下厚实肌肉的柔软区域。但如果将力施加在手掌心这样的区域上, 势必会压迫那些控制手指运动的韧带和腱, 手就容易受到伤害。手在握持中, 手腕应尽可能保持伸直状态, 即让手保持在它弯曲范围的中间位置, 以便确保施加在手上的任何力在传递到臂的时候不会产生绕手腕转动的较大力矩。

随身携带的工具和仪器应该被设计得更合适手的操作。为了减少手腕部分受力, 不仅需要一个尺寸合适的把手, 同时还要注重把手位置的设计, 以避免手腕或手臂处于紧张状态。不合适的姿势和重复、费力的操作, 可能造成 "过度使用失调症"。这常与手持式工具的反复使用有关, 特别是当产生振动时。另一类常见的 "过度使用失调症" 是由频繁操作引起的, 比如使用鼠标。

6.2 关于显示与显示器 ▶

在人机交互作用中, 存在着两类关键的信息流: 一类是从机器到人的信息流; 另一类则是从人到机器的信息流。产品设计者可以结合具体产品选择合适的显示方式。然而, 在一种特定的显示方式被采用以前, 必须了解用户将会进行怎样的工作, 完成这些任务所需的信息, 这些产品将在哪些环境下被使用。

1. 显示

在需要显示的图形符号设计中，必须重视一系列产生于心理学理论的重要原则。这些原则提供了用于标明产品功能的图形符号必须具备的理想特征。

(1) 图形与背景。

图形与背景必须形成清晰、稳定的搭配。

(2) 图形边界。

采用与字体符号的色彩呈对比色的边界优于单线描绘的边界。当构成符号的图形单元为多个时，不同单元间应有区别。通常，其中的主要图形应具备涂满的实心内部空间，以与单线描绘的相邻单元相区别。一般规定：动态符号——实心图形；移动或主动部分——空心轮廓；固定或非主动部分——实心图形。这样的规定可以避免在复合图形中可能出现的图形叠盖现象。

(3) 几何形状。

在简单的几何形状的场合下，采用实心图形比勾勒轮廓的图形更可取。为取得较佳的辨认性，符号可分别采用下面的图形：三角形和椭圆——表示区域增至最大；矩形和钻石形——表示在某个方向增至最大；星形和十字形——表示周围增至最大。

(4) 闭合图形。

单线勾勒轮廓的图形总能形成一个闭合图形，除非符号含义必须用不封闭的轮廓表示。但此时，其不封闭的特征必须是明确的，以免引起意义上的误解。

(5) 图形的连续性。

同一图形单元应完整连续，除非必须中断。但此时，其断续图形表达的形象仍必须是完整的、明确的。表示主轴转向的箭头虽然中断，但其整体形象（弯曲的箭头）的完整性显然一目了然。

(6) 简明。

符号必须尽量简单，过于细致的描绘无助于明确、快速的解释和辨认。

(7) 对称。

符号尽量采用对称形式，除非不对称能增加新的含义。

(8) 一致。

首先，表示同样含义和事物的符号应尽量一致。这可以通过反复使用同样大小、比例来实现。其次，当实心图形与线框勾勒的图形同时并存时，将实心图形置于线框勾勒的图形内也有利于视觉上的一致性。

(9) 方向。

符号中占优势的轮廓应尽可能沿着水平或竖直方向。

2. 显示器

例如相机、电脑或是手机的用户必须从显示（操作面板）上获得足够的信息。操作面板的细节尺寸，发光度、对比度，图像质量、颜色、视觉距离和视觉角度决定着视觉感受。

(1) 显示的尺寸大小。

有一种办法可以确定数字字符和图形显示的最小尺寸。对于显示字符的设计，设计者必须在确定的观察距离内，决定字符高度的最小观察视角、字符的长宽比例、字符的水平距离以及字符的行距。

(2) 发光度、对比度和灰度。

①光源和反光体表面的发光度是指对应于它本身发光体的发光度。发光度测量单位是光亮度每平方米（cd/m^2），测量时使用光度计。显示屏发光区域的最低发光度是由环境情况所决定的。通常在办公室环境，发光度至少为$30cd/m^2$。发光度和亮度之间的区别并不是呈线性的。在低发光度区域仅需要一些很小的变化就能产生明显的亮度变化。在高发光度的区域则不成比例地需要很大的发光度的改变来产生同样显著的亮度变化。

为了在各种显示方式下都能正确辨认信息(例如, 数字字符和图形), 必须使它的发亮程度或颜色能与背景相区别。

②明暗对比度(也被称为光亮度对比度)通常被定义为物体的光亮度与背景光亮度的比率。显示中能让人们接受的最小对比度通常为3:1。大多数的指南手册和规范都提议使用高对比度, 然而, 通常情况下电子视觉显示的要求是6:1和15:1。如果文字或者图形很小, 就需要更高的对比度。对比度有时高达30:1或者更多, 但随着使用的发展并不提倡这么做。因为过高的对比度不利于眼睛的精确聚焦, 特别是在暗背景上观察亮的物体。通常最小的背景光亮度必须能够避免视觉系统在许多不恰当的观察距离上产生盲点。为对比度所建立的这些效应、计算和说明并不十分准确, 因为这些数据是在理想的、固定不变的环境下测得的。因此, 显示的对比度是否充足, 应该在真实的环境中进行测评, 其中还应该包括最恶劣的使用环境。

③自身显示区域的亮度对比。阴极射线管显示屏上特定区域的对比度是由在那个区域划分出的被激发的和不被激发的像素决定的。在这种情况下, 对比度由被激发的像素和它们的背景, 即未激发状态像素之间的对比决定的。如果已激发像素之间非常密集, 那么发射出来的光线把各个像素之间的空隙照亮(例如, 被未激发像素覆盖的区域)。这样, 背景的光亮度增加, 大大降低了显示区域自身的对比度。在阴极射线管显示屏上带边框的数字字符通常比不带边框的显示的对比度低。然而, 它确是字符可见度高, 视觉表现力强, 深受用户喜爱的一种表达方式。另一个有趣的发现是自身显示的对比度在中等光亮度的情况下达到最大值, 然后随着亮度的增强, 对比度反而降低。

④强反差滤光镜。正如以上所知, 对外界光源的反光散射和遮盖将大大降低反射显示的对比度。在某一个距离上, 放置一个强反差滤光镜能适当增加对比度。周期性偏光器, 中性滤光镜, 窄频带以及U形镜通常都被用来放大对比度。滤镜对任何一种刺眼的光源的减弱作用相比显示自身

发光的作用要强得多，同时也增加了对比度。此外，滤镜前表面的反光也成为一个需要考虑的因素。因此，建议采用前部有层透膜的滤镜。然而，并不是在任何情况下都能使用对比度放大器的。使用滤镜常常会使显示器发光表面的明度降低，另外如果使用质量不好的过滤器还会降低显示图像的质量，这些副作用不利于用户的正常使用。例如，在黑暗的环境中，如果光亮度降低到30cd/m² (8.8ftL) 以下，那么任何显示都看不见了。

⑤色彩对比。显示区域信息 (例如，文字、数字、图形) 的可视度在色彩信息 (色相，饱和度) 和光亮度 (亮度) 改变时会有所增加。然而，明暗对比度的比率通常维持在3:1以上，原因有以下两点。首先，色弱的人在对比度大于3:1时能根据明度的不同区分色块。其次，如果去除了彩色图像里的明暗对比，会使人们在主观上产生色块边界的混淆，这种现象被称作利布蒙作用。在某段时间里，也许色彩的对比能产生明暗对比所产生的作用。

3. 与色彩相关的集中行为活动以及色彩应用的一般原则

当选择使用彩色人机界面时，颜色的选择非常重要，所选颜色应当容易区分，在使用有彩色按钮时尤为重要。有人对CRT管显示器的色彩进行了研究，在射线角度大于45°视角时观测者可以分辨出6种色彩，而在小于20°时只能准确分辨出4种色彩。注意到所有的色彩都是位于垂直角度附近来表示其色彩显示区域的。在色彩选择时，分散点的色彩系列设计不必保证各点之间颜色明显的区分，因为在同其他周围颜色发生对比或者环境的亮度和光线的饱和度发生变化就很容易被分辨开来。降低颜色的饱和度可能会减少色彩的适应性、同化效应、色光效应以及对比效应，但阿布尼效应则会得到增强。类似地，如果改变高饱和度的红色和蓝色的亮度，使其与绿色和白色的亮度相当，则其色彩将会随之发生变化。

6.3 常用控制器特征   ▶

1. 选择控制器的依据

表6-1是控制器分类表。设计信息包括测定空间需求，定位控制位置视觉识别的容易度、操作速度的合适性，进行精确调整的舒适度，以及推荐的物理特性都在表6-2中作了介绍。一旦建立了独立或连续的调整要求和

调整的位置数目或范围后，利用表6-1可缩小所选择的控制器范围。如果对激活力有相关限制或确定的潜在用户被认为更喜欢线性或旋转的控制动作，这个范围可以进一步缩小。举例来说，如果一个控制器必须有6个分离的位置，用一个较小的力就可以启动了，可能适合的控制器将会是键盘、旋钮、指动轮、六联开关、步进键和小的控制杆。两位分离控制器具有较小的激活力。这类控制器包括按钮（手指启动），联动开关、肘节开关、双掷开关、摇臂开关、推拉开关和两位滑动开关等。

表6-1　控制器的简单分类

类别	2位		多位	
离散位置控制器	线性型 (S)	旋转型	线性型	旋转型 (S)
	按钮 (S)	无	阶梯键 (S)	旋转选择 (S)
	联动开关 (S)		键盘 (S)	定位器 (S)
	肘节开关 (S)		定位杆 (S、L)	指轮 (S)
	双掷开关 (S)		双位控制组合 (S)	
	摇臂开关 (S)			
	推拉开关 (S)			
	2位滑动开关 (S)			
	2位连杆 (S、L)			
	T形手柄 (L)			
	脚踏开关 (L)			
连续调节控制器	小范围		大范围	
	滑动控制器 (S)	旋钮 (S)	无	多位旋钮 (S)
	小连杆 (S)	小曲柄 (S)		大曲柄 (L)
	大连杆 (L)	联动指轮 (S)		方向盘 (L)
	转位踏板 (L)			

注：S-激活力小；L-激活力大。

按钮和联动开关手指操作按钮有各种各样的功用，例如将产品电源打开或关闭、模式之间的转换、从一种状态变为另一种状态等，各种尺寸和形状的按钮都有。不同类型的开关动作包括暂时动作、锁定动作和选择动作。常用的最小手指操作按钮直径（或长度）约6.5mm。但如果空间允许，直径（或长度）最小为13mm。袖珍尺寸的按钮要用钢笔或铅笔尖才能使用, 除非有效的空间相当有限, 否则不建议使用。总的来说, 袖珍开关用起来不方便, 有时也很难操作。

按钮之间最小的间距取决于它们的尺寸。如果按钮很小, 按钮之间的最小间距不低于13mm, 以防止同时按到两个按钮。然而, 如果按钮为13mm×13mm或更大, 按钮之间的距离可减少到6.5mm。只要空间允许, 间距越大越好, 以方便可能戴着手套的用户。

典型按钮的重要问题之一是控制器位置的视觉识别。最有效的解决方法

表6-2　各种控制器操作特点

类型	控制类型	安装需要的空间	控制位置识别的容易度	操作速度的合适性	精确调整的舒适度	物理特点	备注
推按钮	D/2	小	好, 一般	好	好, 一般	间距: 13mm F: 2.8~11N	提供指示灯来改善控制位置确定的容易度
按钮阵列	D/M	中一大	好, 差	好	好, 一般	类似推按钮	如果所有按钮具有相同的功能或者按顺序操作, 间距可以减少至6mm。除非按钮面积小于13mm×13mm, 间距小于6mm是不能应用的
肘节开关	D/2 D/3	小	好, 一般	好	好	间距: 19 mm F: 2.8~11N DP: 30°~80° H: 13mm	
双掷开关	D/2	小一中	好	好, 一般	好	间距: 19 mm F: 2.8~11N DP: 30°~80°	各种各样的肘节开关
摇臂开关	D/2	小	一般	好	好	间距: 如开关做一字排开或纵向排列可最小 F: 2.8~11N	在肘节开关凸出的手柄可能引起受伤或可能被意外启动的情况下使用
2位滑移开关	D/2	小	好	一般	好, 一般	间距: 19 mm F: 2.8~11N	意外被启动的可能性很小
推拉按钮	D/2	小	一般	好	好	间距: 25mm	各种各样的推按钮, 拉是打开, 推是关闭
控制杆 (2位置)	D/2 D/M	中一大	好, 一般	好, 一般	好	间距: 50mm	通常其尺寸依操作机械装置所要求的力而定

类型	控制类型	安装需要的空间	控制位置识别的容易度	操作速度的合适性	精确调整的舒适度	物理特点	备注
T形手柄	D/2	中	好,差	好		F: 4.4~17.8N	用于需中等力移动机械装置的场合
旋转选择器	D/M	小—中	好,一般	好,一般	好	间距: 25mm F: 115~680N	允许最大开关数为24
步进键	D/M	小—中	好(与附加显示器共存)	差	好	间距: 13mm F: 2.8~11N	与旋转选择器功能相同,最大选择位置可大于24
键盘	D/M DE	中—很大	好,差	好,一般	好,一般	间距: 6.4mm (键面积: 13mm×13mm)	大多数用于数字输入设备,若键大小为19mm×19mm或更大,则间距可以减少至30mm
定位数显旋钮	DE	中	差	差	好	间距: 10mm F: 1.7~5.6N	意外被启动的可能性很小
滑动控制	C	中	一般	一般	一般	F最大: 8.9N	某些功能与旋钮相同
连续控制杆	C	中—大	好,一般	好,一般	一般,差	间距: 5mm DP: 中点两边各45° F: 1.7~5.6N	其尺寸依操作机械装置所要求的力而定
连续调节指轮	C	小	差	一般,差	一般	间距: 13mm	用于作有限度的持续调整中
多位旋转旋钮	C	小—中	差	差	好	间距: 25mm	用于调整幅度大并要求保证精确度
小曲柄	C	中—大	差	差	一般,差	间距: 50mm	用折叠手柄可以节省空间,需用较大的力操作时,可用大的曲柄
手轮	C	大	差	一般	一般	间距: 76mm F: 18~220N	需要较大的力移动某种机械装置时
转换踏板	C	中—大	差	好	一般,差	间距: 100mm F: 18~90N DP: 25~180mm	当不能用手操作时

注: 控制器类型
  D/2: 不连续的, 2个方向;
  D/3: 不连续的, 3个方向;
  D/M: 不连续的, 多个方向;
  DE: 数据输入;
  C: 连续调整;
  F: 操作时所用的力;
  DP: 位移;
  H: 最大手柄长度

是在启动开关的同时, 打开独立的指示灯。这种灯可以是开关本身的一部分或设置在与开关相邻处。

图标开关是带有完整图标和背景灯的按钮。当启动的时候, 这两种开关都会亮。图标开关可以平行地组合在一起, 开关之间有3mm的阻隔。这样的开关可允许用户检查每一个开关的灯源。

2.防止意外激活控制器的方法

控制器被意外激活的后果从小的微不足道到大的引起骤变。因此，必须阻止所有意外激活的发生。以下几种方法可以减少发生意外激活：

①熟悉控制器，这样就不至于意外碰撞而引起激活；

②提供足够的控制器阻力，以防止无意识的移动；

③激活控制器，需要复杂的移动过程；

④采用隔离或提供一个屏障，以限制接触控制器。

6.4　一般产品的设计参数▶　　和设计指导

1.手持式产品的设计参数和设计指导

下面列举了手持式产品设计的一般指导方法。手持式产品中的小型产品可以是安全剃须刀、遥控器、手机和把手等；而较大件的如旅行箱、钓鱼竿、五金工具和园艺工具等。

（1）产品的最大重量参数。

手持式产品的重量直接决定它的使用性能。一般来说，较轻的产品较易于操作。同时，因为重量轻，也延长了用户每次的使用时间。对于手持式产品有如下设计建议：

①握持部分不应出现尖角和边棱。

②手柄的表面质地应能增强表面摩擦力。

③手柄不设沉沟槽，因其不可能与所有使用者的手指形状都匹配。

④使用时，手持产品手腕可以伸直，以减轻手腕疲劳。

⑤当有外力作用于产品手柄时，应同时考虑推力、拉力和扭矩的同时作用。

⑥根据外力作用要求，确定手柄直径。

⑦应避免手持部位的抛光处理。

以下是关于成年人手持式产品的最大重量参数：在使用时，由手臂提起产品，并从身边不好使的位置上转换至合适位置的适宜重量不应超过2.3kg。如果过重，前臂肌肉与肩膀就容易疲劳和损伤；要求作用点位置精确的手持式工具，其重量不应超过0.4kg。

（2）手柄设计。

在设计一件手持式产品时，最重要的考虑因素之一就是产品与手之间的接触面，即人机交互作用面，而手柄就是这种界面。事实上，设计师设计的每一种产品，无论是简单的切割工具（如水果刀）或杠杆（如撬棒），还是更复杂的设备，都必须具备人机交互作用面。在最简单的情况下，这种交互面采取了手柄的形式。在复杂的装置中，这种手柄就演变为控制面板。在输入信息复杂而又快速的场合中，需要手、脚同时进行控制，因而这种交互面又进一步发展成为多重人机交互面。经过几个世纪的发展，在许多手动工具中都已经有了使用方便、雅致、美观的手柄。制作手柄的材料被表现为适合人们接触、使用的形式。可以说在当今，符合人机工程学要求的手柄对必须适合于使用者使用的考虑，已与它的制造工艺和材料要求占有同等重要，甚至更为重要的地位了。因此，手柄的设计直接影响着产品功能的发挥和产品舒适性的体现。人们广泛研究这些作用因素，并找到大量有关的设计数据。

以下提供了合适的手柄长度、手柄直径和手柄与产品其他表面的间隙距离等设计参数：
①最小手柄长度：100mm。
②为了握紧手柄（如打井钻的手柄），手柄直径应是30~50mm。
③为了确定精确位置而设计的手柄（如小型螺丝钻的手柄），其直径为8~16mm。
④若使用者不戴手套，手柄距产品其他表面的间隙：30~50mm。

此外，断面呈椭圆形的手柄，通常更能适应大的直线作用力和扭矩。与此相比，断面呈圆形或正方形的手柄就较差些。然而，最优化的手柄设计还是要取决于外力的作用方式及方向。

手柄尺寸和手的大小匹配关系非常重要。如果手柄太小，力量便不能发挥，而且可能产生局部大的压力（例如用一支非常细的铅笔写作）。但如果手柄对手来说太大的话，手的肌肉肯定也会在一个不舒适的情况下作业。

目前已有了很多关于紧握力的研究。在大部分的情况下, 常以圆柱形手柄为对象。通过测试发现, 直径为30~40mm的手柄是产生最大紧握力的手柄; 直径为60mm的手柄则适合于大手掌的人使用。当然, 握力的评估不像人们想象得那么简单, 根据手的力量, 还必须考虑每次抓握的持久性。如果肌肉爆发力很短或它只需要实际可得力量的一小部分, 那么就可以使持久性提高, 疲劳减少。

人们在使用某些手持式产品时要求其具有两方面的功能: 既要能适应强力把握, 又要能被准确控制作用点。通常的一种解决方法是设计几个可以替换的手柄。当需有外力作用在手柄时, 手柄的表面质地应设计成树皮状花纹, 以防止与手柄的相对滑动, 如某些树纹质地就显示了它的优越性。人们会在手柄上运用大量的或是沟槽更深的树形花纹, 这样, 可使手与手柄间加大摩擦, 以使手柄持得更紧。

遵照 "便于使用的规则", 设计优秀的手柄能让使用者在使用工具 (产品) 时保持手腕伸直, 以避免使腱、腱鞘、神经和血管等组织超负荷。一般, 曲状手柄可减轻手腕的紧张, 例如, 使用普通的直柄尖嘴钳常会使手腕产生弯曲使力, 而且手和手腕既不是推力的方向也不是旋转轴。在设计工具的手柄时, 有时为避免工具使用的不舒适, 考虑采用贴合人手的 "适宜形式", 而不是使用平直表面。常有人将手柄设计成贴合人手的形状, 使其适合可能碰触的身体部分, 如手掌和掌心, 这时就需要做好适用人群的统计调查。

2. 便携式产品和可携带式产品的设计参数和设计指导

所谓便携式产品就是那些方便人们携带, 连续携带也不会感到费力的产品。便携式产品包括一些专业的工具如登山用工具, 数码相机和MP3等。有些产品只能短途携带 (125m以内), 随时随地可以停下来休息。这些产品可以更精确地称之为可携带式产品。可携带式产品包括旅行箱和工具箱等。许多因素影响着产品的轻便性 (尤其是携带的舒适性)。下面列出了一些重要的因素: 重量、惯性力矩、尺寸、手柄设计、重心。

(1) 产品的重量。

表6-3和表6-4给出了第5至第95百分位数使用者的便携式产品和可携带式产品的极限重量。为了满足95%的使用者，便携式产品的重量应低于4.4kg。至于可携带式产品的推荐极限重量还取决于它是单手提还是双手提。双手提式的推荐最大重量为9.4kg；单手提式的则为8.1kg。为了保证产品的重量能低于上述极限重量，有时会不可避免地增加产品的成本，甚至增加到难以接受的水平（因为使用微型部件和轻质材料就会导致高成本）。当然，如果增加推荐重量，不适宜人群的比率就会增加。根据表6-3和表6-4，可以预测不适宜人群的比率。

表6-3 便携式产品的最大重量

使用者的百分位数	最大重量 kg	使用者的百分位数	最大重量 kg
5	4.4	75	8.4
10	5.0	90	9.5
25	6.1	95	10.1
50	7.3		

表6-4 可携带式产品的最大重量

使用者的百分位数	男性		女性	
	单手提 kg	双手提 kg	单手提 kg	双手提 kg
5	11.0	13.1	8.1	9.4
10	12.1	15.6	9.0	10.8
25	14.8	18.3	10.4	12.8
50	18.4	22.2	12.7	14.7
75	22.1	25.1	15.2	18.6
90	26.1	28.4	17.9	21.0
95	28.0	32.0	21.2	21.4

对于便携式产品，男性和女性用户所能接受的最大重量没有明显区别。因此，表6-3中对每个百分位数的人群只给出一个数据。就力量而论，在使用便携式产品时，男性在使出全力的情况下可比正常情况的最大力量增加30%。同样地，对于女性，这个增量则是42%。因此，携带便携式产品时，女性更能容忍不舒适度。安全和舒适携带的最大重量还取决于物体的尺寸。因此，如果可携带式产品的宽度超过15cm，就应该减轻所推荐的最大

单手提重量，如表6-4。通常，宽度每增加10cm，最大推荐重量将要减轻10%。由于表6-3提供的数据已经充分保守了，因此，没有必要因尺寸不同而进行修正。

用肩背一定重量的物体所需的体能要远远低于用双手提相同重量的物体所需的体能，因此，在产品上附上背带会增加产品的轻便性，有了背带，携带者可以用肩和胳膊支持物品。为了满足不同身高的使用者，背带必须设计成可调节的。如果背带在产品上两个固定点间的距离为45cm，那么背带的最大可调节长度至少120cm。如果产品的重量超过6kg，推荐的背带最小宽度为40mm。对更重的产品建议在背带上加一垫肩，以便更均匀地分散重量。若不考虑产品重量，背带的宽度不应超过76mm。

（2）尺寸。

对于可携带式产品的最大可接受尺寸取决于它的设计是单手提还是双手提的形式。下面列出了单手提式产品的最大推荐值：

①最大长度（手提时的前后距离）100cm。

②最大宽度（两侧的距离）15cm。

③最大高度（顶部到底部的距离）45cm。

对于双手提式的产品，它的最大推荐值如下：

①最大长度（手提时两侧的距离）40cm。

②最大宽度（前后的距离）30cm。

③最大高度（顶部到底部的距离）40cm。

长度大于1m的产品在提着的时候就显得有些笨重，有些产品在乘电梯时也会显得不方便。产品的宽度过宽，就会增加手与身体之间的距离。这容易造成肌肉疲劳。单手提的可携带式产品的最大高度可以这样计算：身体最矮的使用者站立时手腕离地面的高度减去产品的离地高度（产品底部与地面的距离）。推荐的45cm的最大高度是基于第5个百分位数的手腕高度和25cm的离地高度。如果离地高度不够，当上楼梯时，携带者就必须将产品提高，这种做法即使没有危险，也会造成肌肉的疲劳。

(3) 重心与手柄位置。

如果产品设计为侧面单手提携的, 它的手柄中心必须位于产品重心的正上方, 这将减少手腕的受力, 因为在这种情况下不需要手腕的反向力矩来平衡或稳定被携带的产品。然而, 在许多情况下, 手柄中心很难恰好位于产品重心的正上方, 仅仅通过手柄的位置不可能完全平衡物体。这时, 物体产生的扭矩不应超过手腕最大同轴转动力矩的25%。手提式产品重心偏前和偏后而允许作用于手腕的最大扭矩 (以不超过25%为标准)。从这些数据中可以看出, 手腕所承受的最小扭矩不超过1.0N/m。也可采用可调节的灵活设计方案, 使手柄能沿产品的长度方向前后移动, 这样, 就可由使用者根据自己的意愿来调节手柄的最佳位置, 以达到最好的稳定与平衡。

对于置于身前的双手提携式产品, 它的重心离身体越近越好。在某些场合对称手柄可以增加物体的平衡性和降低手腕的反向扭矩, 而且, 对称手柄可以让手受力减小到最低程度。然而, 这并不意味着所有产品必须具有对称分布的手柄, 许多便携式产品 (或可携带式产品) 在被人们携带时可采用多种方法, 因此完全可以将它设计成多种携带形式。这样就可由用户根据自己的特点或优势来选择到底是手提、肩背还是用其他方法来携带该产品。

(4) 惯性力矩。

对单手提携或只有一个手柄的可携带式产品来说, 惯性力矩会在很大程度上影响产品的感觉。使用者更喜欢提起物品时重心下移的感觉 (如重心位于手柄的下侧)。但是, 当重量增加时, 惯性力矩的影响就无足轻重了。如果物品在携带时发生摇晃, 那么惯性力矩的作用就非常明显。然而女性使用者在携带物品时往往不会发生摇晃, 因为她们习惯于把提携物体手臂的肘部依靠在臀部。这样看来, 在设计惯性力矩时, 可以不必考虑产品的重量。

(5) 提手柄的设计。

提手柄的良好设计可以大大提高产品的轻便性。以6kg重的产品为例, 好的提手柄设计可以使一次性连续携带时间增加20%（以单手提为例）。双手携带式的产品也同样如此，不恰当的提手柄位置设计相当于使物体增重60%。提手柄还必须满足不止一种的提拿方式。比如，手提式产品的提手柄也可以用来把产品从高处放到地面上，或将它举到一个齐胸高的架子上，或是放到车的行李箱中。为了保证产品的可用性，提手柄设计必须满足上述各种提拿方式。普遍认为，下面提手柄的尺寸和表面特征适合于轻便产品：

①最小长度：115 mm。

②提手柄的最小空挡距离：30~50mm。

③戴手套可提的最小空挡距离：55~85mm。

④提手柄的直径：20~40mm。

⑤表面纹理：无深槽、锐棱，能防滑。

除了上述要求外，成年男性和女性会喜欢不同尺寸的手柄。与人们的直觉相反，女性往往更喜欢大直径的手柄。如果一件产品主要由男性携带，那么手柄的最小直径取20mm较合适。如果一件产品经常由女人携带（如女式提包）那么手柄的最小直径就不能小于25mm，这里5mm的差别与抓握手柄的方式有关系。男人的肩膀一般要比臀部宽，他们的拇指不参与抓握手柄。另一方面，女人的臀部要比肩膀宽，她们以满把抓握的方式，即连同拇指共同参与握持手柄。

手提柄的类型和用途列举如下。

①标准提手柄：常用于单手携带提手柄的最小空挡距离为30~50mm。

②T形手柄提手柄：用于活塞型运动（如，打气筒）或用于双手抬举重物，提手柄的直径为20~40mm。

③J形杆状提手柄：常用在拐杖上，由于偏心，载荷落在用户的手腕上，故不适合用于重或较重的产品上。

④凸缘把手：适用于双手抬举或搬移。

⑤内凹形提手：适用盘、盖类型的产品（或部件），不宜用于较重的产品。

⑥块状提手：适用于需要抬举并高于1m的产品上。

⑦抽屉把手: 常用在那些不需经常移动的产品上, 允许用户在把手内滑动手指并施加一个向外的拉力。

6.5 产品共用性设计原则 ▶

1. 共用性设计原则和优先次序

通过建筑师、产品设计师、工程师和环境设计师们的通力合作, 建立了共用性设计的七大原则, 在工业设计领域对公共设施的设计提供了指导性的原则。此原则可以用来评价现有的设计, 也可以用来指导设计过程, 而且还有助于设计师和使用者了解使用性良好的产品和环境的特征。下面

表6-5 通用设计的37项及3项附则评价指针

原则		评价指针	
原则1 任何人都能公平地使用	1	平等使用	是否考虑到尽量能让所有的人都可以用同样的方式去使用物品?
	2	排除差别感	不管是谁都不担心被另眼看待, 并且能在公平的情况下使用吗?
	3	提供选择	对于完全无法使用同一物品的人, 是否尽量预备了同等或同样的选择?
	4	消除不安	是否任何人在使用时都不会感到不安?
原则2 容许以各式各样的方式使用	5	使用方法的自由	产品可用各种方法使用吗? 这些使用方法能够让使用者自由地选择吗?
	6	接纳左右撇子	是否不论左撇子, 右撇子都能在不勉强的情况下使用?
	7	紧急状况下的正确使用	是否在紧急时也能正确地使用?
	8	环境变化下的使用性	是否在各种环境中都能够轻松使用?
原则3 使用方法简单且容易理解	9	不过于复杂	是否由于过于复杂而有可能导致误解?
	10	凭直觉即可使用	使用方法是否与各种使用者的直觉期待与判断一致?
	11	使用方法简单、容易理解	是否所有人都可以轻易地了解使用方法?
	12	操作提示与反馈	使用时是否能适时得到提示与反馈?
	13	构造容易理解	是否所有人都能轻易地理解使用方法及机能?
原则4 可透过多种感觉器官理解信息	14	提供多种咨询传达手段	是否提供了多种手段以传达其使用方法?
	15	经过整理归类的操作咨询	使用者所需要的咨询是否轻易理解?
原则5 即使以错误的方法使用也不会引起事故并能回复原状	16	对于防止危险的考虑	是否考虑到在使用时不会导致失败或造成危险?
	17	预防意外	是否考虑到不论在何种状况下使用都不会引起事故?
	18	即使使用方法错误也能确保安全	万一使用方法错误也不会对使用者及周遭环境造成伤害?
	19	即使失败也能回复现状	即使操作失败也能简单地回复到原来的状态吗?

原则	评价指针		
原则6 尽量减轻使用时的身体负担	20	可以自然的姿势使用	是否考虑到各式各样的人都能以个人最自然的姿势使用?
	21	排除无意义的动作	是否考虑到各式各样的人都能以个人最自然的姿势使用?
	22	身体的负荷量小	是否考虑到不会对使用者造成多余的身体负担?
	23	长时间使用也不疲倦	是否考虑到即使长时间使用也不容易疲倦?
原则7 确保容易使用的大小及空间	24	保证有适宜使用的大小空间	是否保证有让各式各样的人都能轻松使用的空间及大小?
	25	适应各种体格的使用者	是否可适应各种体格的人?
	26	介护者可一起使用	是否考虑到介护者在身旁时也能一同使用?
	27	容易搬运且方便收纳	是否容易搬运、收纳、保管?
附则1 可长久使用,具有经济性	28	使用的耐久性	是否在各种条件下都能长期使用?
	29	适当的价格	价格是否符合其具备的性能品质?
	30	持续使用时的经济性	是否考虑到使用时有关消耗品与耗电量等维修费用不要过高?
	31	容易保养和维修	持续使用时,包括维修保养、零件交换、消耗品取得等的售后服务是否完备?
附则2 品质优良且美观	32	使用舒适且美观	是否具备使用时舒适、兼具机能性及美观的性质?
	33	令人满足的品质	是否具有使用上可充分满足的性质?
	34	活用材质	产品是否充分活用了材料的特性?
附则3 对人体及环境无害	35	对人体无害	是否使用了有害人体的材质?
	36	对自然环境无害	是否使用可有害自然环境的材质?
	37	促进再生及再利用	是否考虑到本体及零件、消耗品等可尽量再生或再利用?

注: 此图表来源于:《通用设计的教科书》(中川聪著, 张旭晴译)

的表6-5是通用设计的37项评价指针——PPP达成度评价法。通用设计以"为所有使用者提供舒适便利的产品与环境"为最终目标, 也反映了一种社会意识与态度, 可以作为设计师的参考指标。

2. 人的因素与共用性设计七原则

共用性设计中应满足的人的因素可包括: 基本需求、社会需求和综合需求。用户对产品的基本需求是符合使用者身体特征与功能特征的需求, 在进行共用性设计时, 应该随时考虑这些需求, 并与七项共用性设计的相关原则相对应。

在七项原则+三项附则中，第一项"平等使用"原则是最根本的，它应凌驾于其他各项原则之上。而其余六项原则主要立足于基本需求，因为它们就是处理解决功能问题。社会需求是在满足了"基本需求"的基础上进一步的需求。包括经济、环境保护、交流等需求，这类需求与使用者的需要或背景息息相关。

最后，还必须满足综合需求，也就是将心理因素与这些需求相联系。满足这三项需求就构成了最基本的共用性设计。在进行具体产品的共用性设计中，应以实现上述需求的目标为出发点，从产品本身及用户的生理层面、心理层面综合运用上述七项设计原则。

3. 实现共用性的优先次序

提高产品的共用性可以从产品的多个特征（或功能）入手。但并非实现共用性的特征（或功能）越多，整个产品的共用性就越好。而且，由于受技术和经济等条件限制，不可能实现产品的每个特征（或功能）都具有良好的共用性。从共用性角度来看，产品的不同特征（或功能）其重要程度也不同。例如，某一幢建筑为了方便坐轮椅的人，加宽了走廊、采用短毛地毯取代长毛地毯，但在入口处却没有设置残疾人通道，这就颠倒了共用性设计的优先次序，尤其在市场竞争激烈的当今社会，对资源的利用率要求很高。要做到利用有限的资源，最大限度地提高产品的共用性，必须有主次地提高产品不同特征（或功能）的共用性，即首先确保提高产品基本特征（或功能）的共用性，在资源允许的条件下，按重要程度逐步提高各特征（或功能）的共用性程度。

本章思考题：

(1) 以手为中心的设计都有哪些？它们的参考准则有哪些？

(2) 显示与显示器的设计参考准则有哪些？

(3) 控制器的设计参考准则有哪些？

(4) 简述几件产品设计，并说出设计参数和准则。

(2008级同学在做人机调查)

应用人机工程学课程是一门多学科交叉的边缘性、综合性很强的课程，其内容以人机工程学基本理论及研究方法为核心，以实践应用为目标，理论和应用必须结合，在必要的理论知识基础上，突出工业设计专业应用人机工程学的实用性和应用性；同时加强本学科与工业设计专业的其他如形态、结构、材料等因素的关联。在教学内容安排上突出融知识传授、能力培养、素质教育于一体。在课程教学中始终贯穿于突出设计主线，围绕设计课题来组织教学。针对以"产品设计为核心"的工业设计专业，对原有人机工程学的教学内容进行整合，以人机工程学在产品设计中的应用为核心，着重讲述人体测量数据、人的生理和心理特性、动作的研究、环境的影响在产品设计中的具体应用，并尽可能地阐明问题最原始的出发点及其应用的可能性和局限性，培养学生的设计实践能力。通过课题调查、课程设计等实践环节，提高学生的实际应用能力，把人机分析的观念深深植入学生的设计思维当中。本课程是鲁迅美术学院的教改创新课程之一。

在教学方法上，积极采用参与互动式、体验式、现场教学、案例教学法和项目实训法等的现代教学方法，强化实践性教学，提高教学效果和质量。努力寻找和积累相关的设计案例，进行优秀产品设计分析，通过这些案例，让学生能更深刻地理解并掌握应用人机工程学。这样通过教、学、练、交流、模型验证等一系列的环节，让学生真正理解、掌握、运用人机工程学进行设计实践。

(1) 课程的教学目标和要求。

通过学习应用人机工程学，使学生了解人机工程学的基本理论体系，初步学会从人机工程学的基本原则和方法出发，发现设计中存在的人机工程问题，并且能在课程理论学习的基础上，通过设计实践，创造性地提出人机工程解决方案，使同学们理解并掌握做产品设计时应用人机工程学的原则和方法。

(2) 课题的三大要素。

①设计调研——设计分析能力。

能以人机问题的发现为切入点，进行设计思考整理的能力。

②设计表现——物化表达能力。

能将人机分析结果进行组织并进行图面表达推出的能力，能对人机模型进行精细塑造的能力。

③设计管理——流程控制能力。

能对设计流程进行管理的能力，能进行设计研究的能力。

（3）难点与重点。

难点是系统掌握人机工程学的理论基础，重点是清晰地整合人机问题，并创造性地提出解决方案。

（4）应用人机作业内容具体要求。

①调查部分：（50分）

A. 写出任务计划书。

B. 内容：a. 生理结构特征；b. 使用动作状态特征；c. 使用者心理特征；d. 调查问卷设计；e. 环境特征。

C. 报告书（A3版面）排版注意版面的设计，10页左右。

②自己分析、提出方案部分：（50分）

A. 针对调查的报告，自己画出：a. 生理结构特征分析图（标注尺寸、角度、受力部位、易疲劳部位等等）；b. 使用动作状态特征分析图（标注尺寸、角度、运动轨迹、不舒适部位等等）；c. 使用者心理特征分析（文字表述）。

（以上内容须排3页A3版面）

B. 结合上述条件，给出人机解决方案（产品设计），同时考虑设计的形式感及设计的其他设计因素，这个也是重点。

（以上内容须排两2页A3版面，一页草图，一页手绘详细效果图或电脑渲染图）

C. 做出设计的草模型（密度板或泡沫板），做出人机试验。

（5）应用人机工程学课程作业范例。

见078页~123页。（举出的学生作业并不表示其中不存在错误或不当，只

时间安排：

第一周 理论学习
第二周 人机生理分析、使用动作、消费者心理、使用环境调查
第三周至第四周 人机界面设计
第五周至第六周 试验模型制作、报告书整理

研究目的：

通过对市场的调查及对人机工程学的学习发现，在孕妇用于胎教的音响上有很多空白点。所以我将研究重点放在这里，希望结合人机工程学的知识来满足孕妇这部分特殊群体的需要。将重点放在如何简便操作，舒适使用这一方面。使得孕妇在孕育新生命的同时，能够感受到科技产品的人性化关怀。改善的科技产品一直以来冰冷无情的特点，给人以温馨舒适的感觉。

音响的一般操作及使用调查说明：

一个最简单的音响系统包括音源、功放和音箱，缺一不可。而音箱指将音频信号变换为声音的一种设备。音响的箱体外形结构有书架式和落地式之分，还有立式和卧式之分。箱体内部结构又有密闭式、倒相式、带通式、空纸盆式、迷宫式、对称驱动式和号筒式等多种形式，使用最多的是密闭式、倒相式和带通式。

音响的操作键很多，其中最重要的就是开关与音量控制键。在使用时，由于各种品牌设计不同，又分按钮式和旋钮式，当然还有这两年很火的触摸式。针对孕妇行动较为不便的特点。我将归类整合，简化按键数量，在触感与体积大小上进行探索。

7.1	题目: 音响 (孕妇用)
	作者: 2006级 丛嘉
	授课时间: 2007—2008第二学期　周数: 6周　学时: 108学时
	指导教师: 胡海权

人的手部生理特点研究

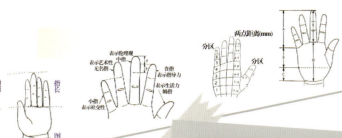

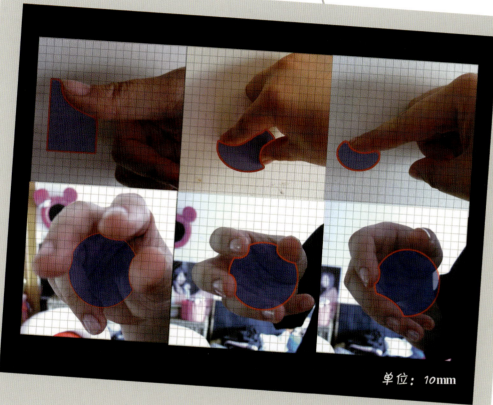

单位：10mm

人的手部生理特点研究

文字说明：

　　通过对手部的研究可知，在平面按键与转动按键之间，转动按钮更为省力，但与平面按键相比，所需手指的配合更多，平面按键一般适合单一功能的操作，体积也相对较小。转动按键适合多功能的操作，体积也相对较大。

　　而孕妇行动不方便，在手部操作上，结合人机工程学的知识，应简化按键，尽量多使用操作方便的旋钮，减少手部的活动范围。

图示说明：

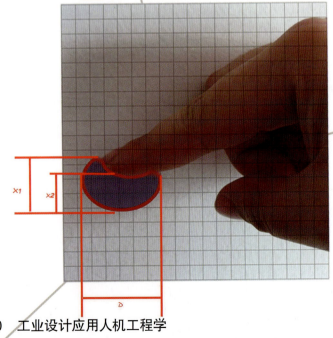

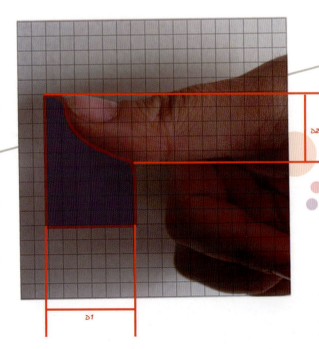

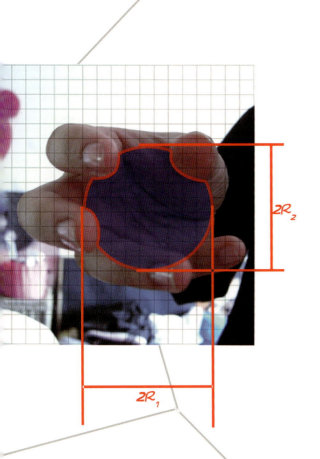

$2R_2$

$2R_1$

80°

50°

运动特征研究：

运动特征研究：

适用人群心理特征调查表

调查表：

鲁迅美术学院2006级工业设计系市场调查问卷
——音响界面

尊敬的先生/女士：

您好！为了解消费者心理，让消费者能买到喜欢的产品，更好地让设计服务于生活，特作此市场调查。对于问卷中涉及到的个人信息我们将会严格保密。非常感谢您对我们调查的支持。

1. 您的性别： 男☐ 女☐

2. 您是准妈妈： 本人☐ 家属☐ 朋友☐

3. 您认为音乐有助于胎教吗：是☐ 否☐

4. 您认为给孕妇使用的音响界面应注意哪些方面：
易操作性☐ 舒适性☐

5. 您认为按钮的方式哪种更便于操作：
按键式☐ 旋钮式☐ 触摸式☐

6. 若需购买，您对这类音响更注重以下哪些方面（可多选）：
色彩☐ 造型☐ 材质☐

7. 针对孕妇的特点，在音响界面的外观选择上，您更倾向于：
（1）温馨舒适的色彩☐ 沉稳庄重的色彩☐
（2）新颖的造型☐ 传统的造型☐

8. 您认为音响界面按键的大小应该：
适中☐ 再大一些☐ 整合为一体，大小都有☐

9. 您认为音响界面按键的材质应该：
塑料☐ 金属☐ 硅胶☐ 多些新颖的材质会更好☐ 比如_____

10. 您会将这类音响放于何处：
卧室☐ 客厅☐ 书房☐ 其他_____

11. 您认为界面上按键数量为多少合适（不论大小）：
2个☐ 3~5个☐ 5~10个☐ 10个以上☐

12. 您对认为供孕妇使用的音响界面还应该注意些什么呢？传统音箱有何改进？

感谢您对我们此次调查的参与，谢谢您的合作！

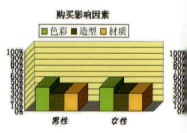

购买影响因素
色彩 造型 材质
男性 女性

结论：

由调查表总结可
洁界面是消费者
与女性之间有明
材质也都是以使
冷感觉的金属材
为温暖舒适的材
暖的材质结合是

音响的工作适应环境范围调查

工作环境图示分析：

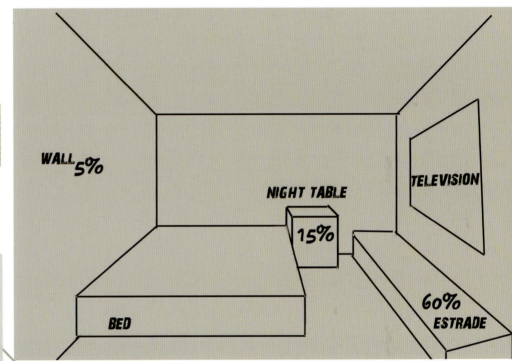

WALL 5%

NIGHT TABLE

15%

TELEVISION

BED

60%
ESTRADE

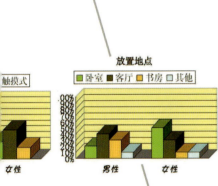

放置地点

■卧室 ■客厅 □书房 □其他

触摸式

女性

男性   女性

产品使用环境特点分析：

音响主体一般是放置在平面上，个别款式可以整体悬挂，大多数的还是只有喇叭悬挂。

放置的位置无非是台面、桌面、电视柜、床头柜。由于各种台面高度不同，音响界面的

安排布局就应该考虑这一点。不要局限在手部，要考虑到整体的配合。

妇使用的音响界面上，简
的。对于按键的方式男性
倾向。对于按键的大小，
用为前提。其中，给人冰
冷落。消费者更倾向于较
将人机工学的理念与温
音响界面设计中的重点。

暂停　　播放　　停止　　后退　　前进

模型展示

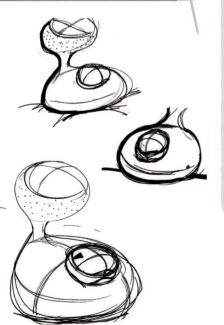

最终效果展示

通过这一阶段的学习，对人机工程学在音响界面的应用有了较深的了解，虽然在产品的设计与加工上还很稚嫩，但从前期的外形，材质，色彩设计上都是以使用者(孕妇)为出发点来考量的。

针对孕妇的行动不便特点，首先将按键的尺寸放大，并在按键上设置适合手指形状的凹槽；其次用语意化的形态来表示各个按键的功能，这样就免去了使用者看音响小字的麻烦，通俗易懂；最后，选择明快的颜色，硅胶的材质，为使用增添趣味。

7.2 题目: 公共垃圾桶
作者: 2007级 于永海
授课时间: 2008—2009第二学期　周数: 7周　学时: 126学时
指导教师: 胡海权

研究目的及计划

通过对日常生活的观察, 发现公共垃圾桶在使用中常常会遇到一些问题; 垃圾桶的安放距离通常较远, 给使用者带来不便, 使用都在出行过程中通常会产生垃圾而垃圾桶的相隔距离又相互较远, 使用者通常会手持垃圾行进较远距离才能导找到垃圾桶。我们设想是否可能通过改变垃圾桶外观形态、隐蔽其基本架构, 在不改变其基本功能的基础上将其隐蔽于公共场所之中使其更方便于人们的使用, 减少其对地表空间的占用, 使其更卫生, 不影响公共空间的美化。计划在详细了解了垃圾桶各方面需求的基础上, 进行市场调研, 信息分析, 以确定其基本形态、结构。再通过对现有应用人机工程学的研究使其在满足人的基本生理需求的基础上, 使其达到人与产品的和谐, 产品与环境的和谐, 环境与人的和谐, 使设计真正体现出对人的尊重与关心。

Desktop Trash Kit
moru
MYDOOB.COM 2003

垃圾桶设计时间规划表

第一周　　　人机工程学基础理论学习

第二周　　　人机交互分析
　　　　　　人体基本使用动作研究
　　　　　　产品使用者心理分析
　　　　　　使用环境分析

第三周　　　人机交互界面设计

第四周　　　人机交互界面设计

第五周　　　模型试制

第六周　　　报告书整理

垃圾桶一般操作及使用调查

垃圾桶在生活中已成为不可或缺的生活用品。市场上的垃圾桶形态基本为筒工或方体结构, 上部覆盖, 大部分固定安放于固定角落。公共场所中垃圾桶经常放是置在人行道边、城市角落、居民区、公园广场及商业步行街上。在使用过程中我们发现使用者经常会遇到一些问题, 这就是垃圾桶的安放经常会相隔相当长的距离, 这就造成一些持有垃圾的人长时间持有垃圾, 且露天的垃圾桶容易滋生集苑, 使环境不美观

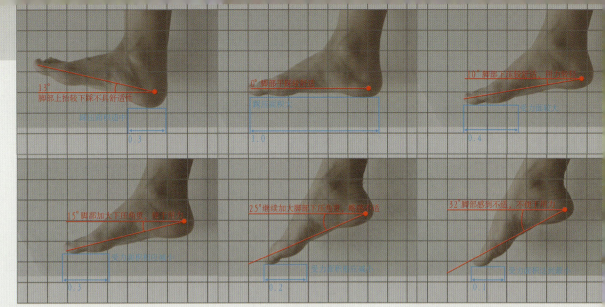

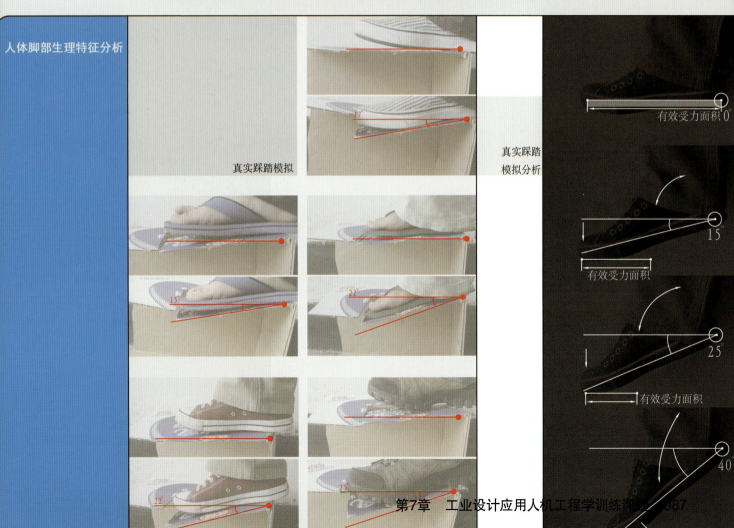

真实踩踏模拟

真实踩踏
模拟分析

人体使用运动特征分析

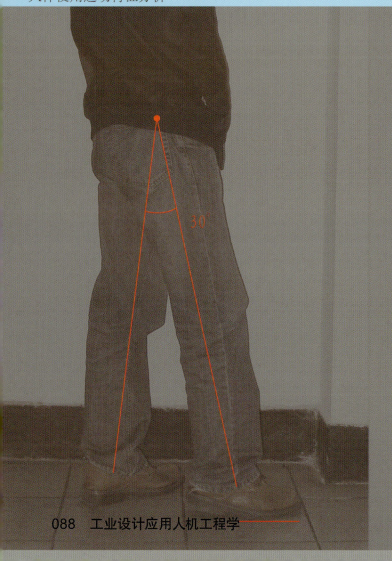

30°

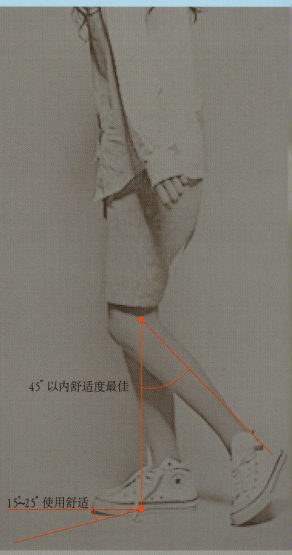

45°以内舒适度最佳

15~25°使用舒适

适用人群调查表

1.您的年龄
A:6—18 B:19—28 C:29—48 D:49—60 E:60以上

2.您是否经常逛街
A:是   B:否

3.您认为每1000米应该安放垃圾桶的数量
A:1个   B:2个   C:3个   D:3个以上

4.您感觉现有垃圾桶使用是否舒适
A:舒适   B:不舒适   C:还可以

5.您常使用的垃圾桶主要放置于
A:人行道 B:街道角落 C:居民区内 D:公园广场 E:商业步行街

6.您每天出行的次数
A:1~2   B:2~3   C:3~4   D:4次以上

7.您在手持垃圾寻找垃圾桶时是否感觉距离较远
A:是   B:否   C:还可以

8.您是否觉得现在的公用垃圾桶不卫生
A:是   B:否   C:还可以

9.您是否愿意增加垃圾桶的数量,减小垃圾桶体积,增加其隐蔽性
A:是   B:否

10.您是否愿意将一个隐蔽的垃圾桶安放于需经常路过的公共场所
A:是   B:否

您对现有垃圾桶的改进意见:

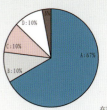

在第5项调查中有67%的人常使用人行道上的垃圾桶,其他地方的使用频率较少

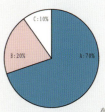

在第7项调查中有70%的人持垃圾时感觉垃圾桶距离较远,仅有10%的人表示距离适当

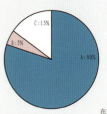

在第8项调查中有80%的人感觉现行公共垃圾桶不够卫生影响环境

综合调查结果显示大多数人都会在出行中产生垃圾,其中有70%的人感觉垃圾桶的距离较远,80%的出行者表示现有公共垃圾桶不够卫生且影响环境。绝大多数使用者希望缩短垃圾桶的安放距离,减小垃圾桶体积或将其隐蔽以减小其空间的占有使其更卫生不影响环境的美观。通过此次调查可以初步确定设计方向:通过改变垃圾桶的外观及使用方式以缩短垃圾桶的安放距离,减小其对地上空间的占有增加其隐蔽性,使环境更加卫生整洁。

公共垃圾桶的工作适用环境调查

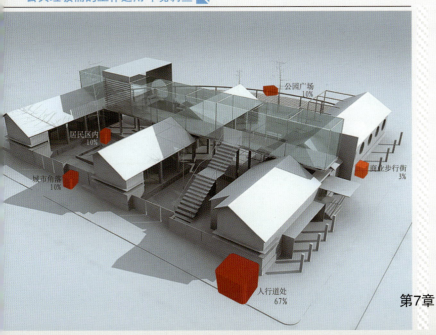

公园广场
10%

居民区内
10%

城市角落
10%

商业步行街
3%

人行道处
67%

使用环境调查分析

通过调查发现67%的垃圾桶安放于人行横道边,10%的垃圾桶安放于城市角落,10%的垃圾桶安放于居民区中,10%的垃圾桶安放在公园广场,有3%的垃圾桶放置在商业步行街之中。在使用过程中我们都经常会遇到一些问题,这就是由于城市占地及卫生原因,垃圾桶的放置经常会相隔相当长的距离,这就造成一些持有垃圾的人长时间持有垃圾,且露天的垃圾桶容易滋生蚊蝇,使环境不美观。因为此我们设想是否可以隐蔽其基本形态,减小其体积,这样就可以缩短垃圾桶的安放距离,减少使用者的垃圾持有时间,还不占用城市有限空间,营造卫生的城市环境。

人机整合设计方案

嵌入式垃圾桶箱体

脚踏开关控制垃圾箱的开启

拉手处便于拾取垃圾袋

产品切面图

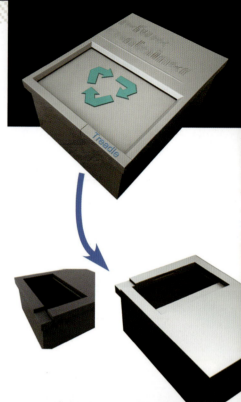

安放于路灯或路牌旁边避免行

圾桶的实体模型．人机试验

7.3

题目: 公交车座椅
作者: 2007级 张真
授课时间: 2008—2009第二学期　周数: 7周　学时: 126学时
指导教师: 胡海权

课题: 公交车座椅人机应用设计

研究计划

乘坐公交车出行, 已经成为人们生活中不可或缺的一部分, 由于乘坐公交车的人群较为广泛, 公交车内部的设施对各类人群顾得不够全面, 导致像老人, 妇女, 儿童(身材较矮)等人群在乘坐公交车时遇到很多麻烦, 车上的公共设施不能很好地为人们服务, 使得公交车在行驶时存在一定的安全隐患。公交车问题已经成为一个社会问题, 如何设计出更符合人机工程学, 更人性化的车厢内部设施来更好地为人们服务将是我主要研究的方向。

座椅、吊环使用调查说明

关于座椅

普通乘客座椅的问题主要体现在舒适度, 起、坐的方便性以及一定的安全性上。

关于吊环

为了方便身材较矮的乘客, 多数的公交车安装了吊环, 但是在实际应用中出现了许多的问题, 吊环往往安装在上部的横向扶手上, 较短, 而且稳定性弱, 是起到了一定的作用, 许多人对够到其高度还是有些吃力, 即使够到了吊环, 在车厢这种不太稳定的环境下吊环摆动的幅度过大, 其功能性也被削弱了。

大多数人对吊环的舒适度表示不满意。

关于扶手

目前大多数公交车的上部横向扶手高度在1.8米左右(根据我国人均身高1.70米确定的), 这个高度对于普通男性较为适用, 然而对于多数女性, 老人, 儿童显然过高。

计划进度表

课题准备　　人机分析　　人机界面设计　　模型制作, 报告书整理

第一周　　　第二周　　　第三周—第四周　　　第五周—第六周

座椅靠背扶手握姿分析

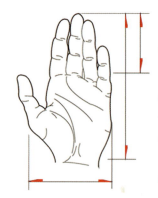

最长的中指长度**通常为7cm～10cm**

成年人手的长度**通常为15cm～20cm**

成年人手的展开跨度**通常为17cm～23cm**

成年人手的宽度**通常为10cm～12cm**

单位: 每格 1cm

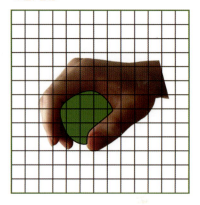
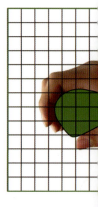
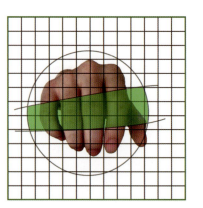

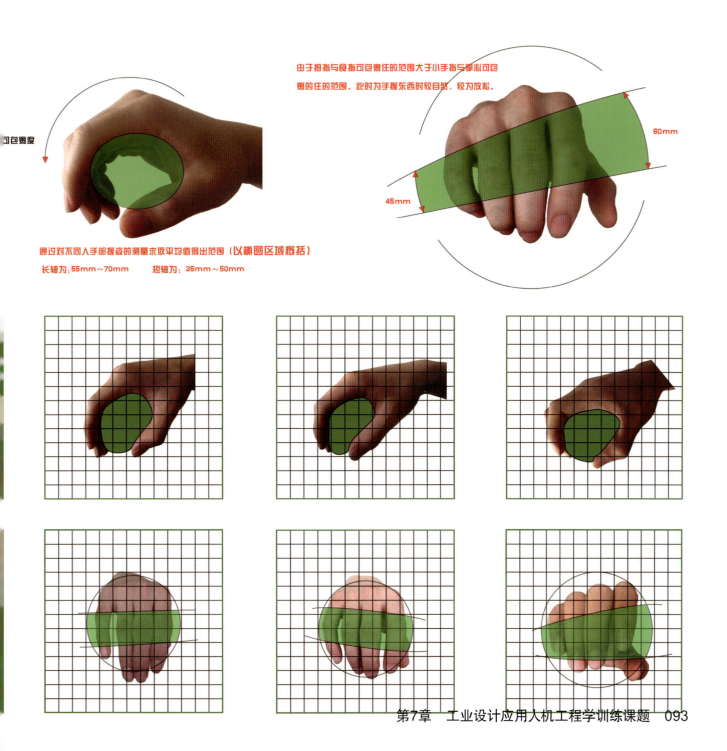

由于拇指与食指可包裹住的范围大于小手指与掌心可包
裹的住的范围。此时为手握东西时较自然、较为放松。

60mm

45mm

习包裹度

通过对不同人手部握姿的测量求取平均值得出范围（以椭圆区域概括）

长轴为：55mm～70mm   短轴为：35mm～50mm

单位：每格10cm

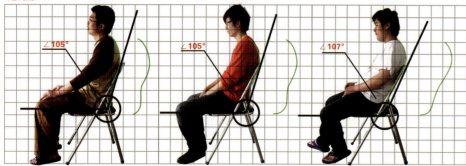

∠105°　　∠105°　　∠107°

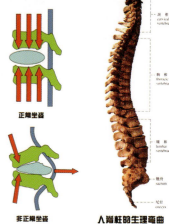

正常坐姿

非正常坐姿　　人脊柱的生理弯曲

颈椎
cervical
vertebrae

胸椎
thoracic
vertebrae

腰椎
lumbar
vertebrae

骶骨
sacrum

尾骨
coccyx

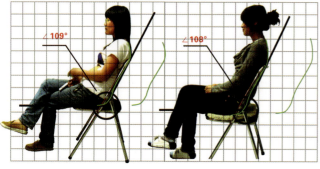

∠109°　　∠108°

分析结果 ANALYSE

当处于非自然坐姿时，椎间盘内压力分布不正常，形成的压力梯度，严重的会将椎间盘从腰椎之间挤出来压迫中枢神经，产生腰部酸痛，疲劳等不适感。

正常的坐姿下，脊柱的腰椎部分前凸，而至胸背时则后凹。在良好的坐姿下，压力适当地分布于各椎间盘上，肌肉组织上承受着均匀的静负荷。

大于90°的靠背可防止身躯的旋转，增加坐姿的稳定性且使坐姿更接近自然状态。良好的坐姿是 腰与大腿成135°，腰椎部要有支撑，但在实际中取的角度为105°～108°较为合适

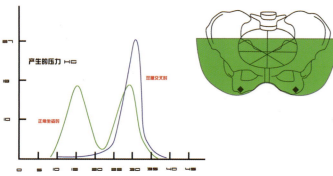

产生的压力 kg

双腿交叉时

正常坐姿时

座面上的距离（cm）

人体在坐姿状态下，与座面紧密接触的实际上只是臀部的两块坐骨结节，其上只有少量的肌肉，人体重量的75%左右由约25cm²的坐骨周围的部位来支承，这样久坐足以产生压力疲劳，导致臀部痛楚麻木感。

测试研究表明，坐子坐垫上的臀部压力值大为降低，而接触支承面积也由900cm²增大到1050cm²，使压力分散。

在设计座面形态时应考虑臀部的受力点，应契合臀部的自然形态。

座深

指椅面前缘至后缘的距离，该尺寸不能太大。正确的座深应使靠背便地支持腰椎部位。

如座深大于身材矮小者的大腿长（臀部至膝窝距），座面前缘将压迫膝窝处压力敏感部位，这样又要得到靠背的支持，必须改变腰部正常曲线；否则，坐者必须向座缘处移动以避免压迫膝窝，却得不到靠背的支持

经过测量分析座深在35cm～43cm较为合适

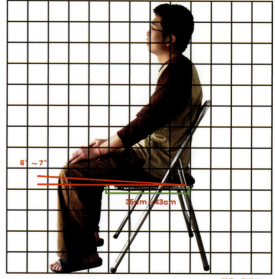

6°～7°

35cm～43cm

单位：每格10cm

分析结果 ANALYSE

座面后倾的作用有两点

一是由于重力，躯干后移，使背部抵靠椅背，获得支持，可以降低背肌静压。
二是防止坐者从座缘滑出座面。在震动颠簸的环境中尤为重要。

经过测量分析在公交车这狭小的空间内座面的后倾角度6°～7°较合适

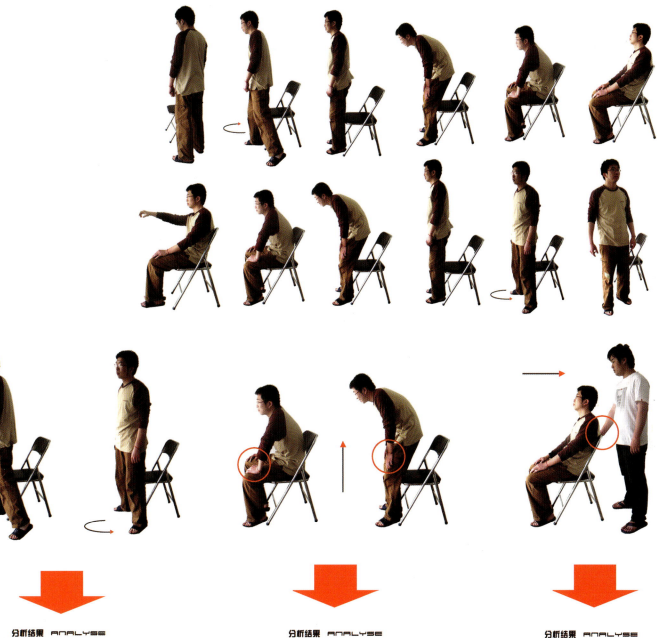

分析结果 ANALYSE

于公交车车厢内部空间有限,座位与座位之间的空较小,乘客在进入座位和离开座位都需要跨步。对于椅座面设计时就要更加的圆滑,减小跨步的幅度并防止座面对乘客腿部的刮划。

分析结果 ANALYSE

由于公交车车厢内部空间有限,座位与座位之间的空间较小且目前排座椅的靠背部分有一定的倾斜角度,加之公交车在行驶起、停的不稳定的环境下,人在起身时需要有一定的手扶支撑。在设计时应该增加适当的手扶支撑的部分,能增加稳定性,方便乘客的起坐。

分析结果 ANALYSE

在现有的公交车座椅使用时,乘客的座位附近总有站立的乘客扶着座椅背上留给后排乘客使用的扶手(由于扶手较小,同时容纳两只手是要相互接触的)并且站立乘客的手臂会与坐着的乘客相互接触,使坐着的乘客不能有一个舒服的坐姿。

partC:乘客的调查问卷

调查问卷　　DIAGNOSES

1.您的职业?

O.学生　　O.上班一族　　O.自由职业者　　O.无业

2.您的娱乐倾向性是?

O.寻求刺激的　　O.追求平静的　　O.两者适中的

3.您大概会在什么时间段乘坐公交车?

O.上下学时间　　O.上下班时间　　O.不太固定

4.您认为乘坐公交车有乐趣而言吗?

O.很有乐趣　　O.一般般　　　O.没有乐趣

5.您乘坐公交车时,心情通常怎么样?

O.心情舒畅　　O.心情一般　　O.心情烦乱

分析结果　　ANALYSE

通过对调查结果的分析有以下几点

1.高峰期

早晨与傍晚是公交运输的高峰期,这时的乘客以学生和上班人群为主,乘客较为密集。由于学习与工作的压力,这两类群体早上的节奏都很快,目的性也很强,都是要急于到达目的地。这种心态在公交车这种非常拥挤的环境下很容易变得烦乱,针对这种特点在对车厢内部公共设施设计时就要充分考虑乘客乘车时的心理状态,在设计中就要平衡其在的矛盾。

2.低峰期

通常在中午和下午时是公交运营的低峰期,这时的乘客较少,整体节奏较之上午趋缓,人的心态通常较为放松。

综上

由于公交车面对的使用人群广大,不同年龄,不同性别,不同性格等有着心理上的差异,通过对广大群众的调查,在空间小、拥挤、空气流通差的环境下,人的心情通常是较为烦躁的。在设计车厢内的公共设施时,除去对功能、安全性的重要问题的考虑外,还要考虑人在乘坐公交车时的心理感受,通过设计(主要是通过对色彩的使用上,及形体的处理)上来平衡各个矛盾点,设计出更人性化的车厢内部的公共设施。

公交车环境特点

1.车内空间较小

公交车的体积是根据我国实际情况确定的（包括城市的密度，公民的身高体重，以及我国公路的宽度等其他因素），加上我国人口数量多，要乘坐公交车出行的人较多，公交车的空间相对来说比较小。

2.乘客的流动性大

市内公交车乘客的流动性很大，站点较多，乘客的更换频率很快。扶手、吊环和座椅的使用率很高，这就对扶手、吊环和座椅的耐用性有很高的要求。

由于这些车厢内的公共设施都是与使用者直接接触的，所以在设计这些车厢内部的公共设施时要重点考虑其人机关系（像手握的舒适程度，座椅的舒适程度等），使其更人性化。

由于乘客的数量大，流动的频率大，会产生一定的接触与摩擦（人与人之间的摩擦、人与公共设施的摩擦），在设计车厢内部公共设施时就要考虑其外观形态，避免这种摩擦对人的伤害。

3.行驶中的不稳定

由于汽车数量的不断增加，城市的交通环境变得越来越复杂，公交车需要"德"的频率越来越多，这就造成了公交车行驶的不稳定，乘客要时刻警惕着惯性所带来的意外伤害，针对这一不稳定的环境，在对车厢内部公共设施的设计不能只停留于对舒适性的要求，还应该体现在对安全性的要求，这就要求增强座椅以及吊环对人的"固定性"。

方案草图

part E: 人机整合设计方案

产品效果图

partF: 人机实验模型

CONNECT

TRY OUT
MODEL

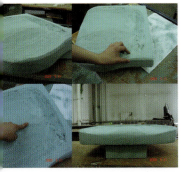

partG: 设计展示模型

SHOW
MODEL

human factor engineering
1 超 市
扫码枪
sao ma qiang design

7.4
题目: 超市扫码枪
作者: 2008级二年级三班 胡维成
(调查部分合作: 廉歆彤、黄楚月、王雪晴、丁梓峰、胡维成)
授课时间: 2009—2010第二学期 周数: 7周 学时: 126学时
指导教师: 胡海权

研究目的:
PESEARCH PURPOSE

　　从生理角度上讲，女性和男性有很大差别，而超市扫码枪的使用者绝大部分是女性，由于此产品需要长期手持，因此我们小组针对这种现象，设计一款更适合女性使用的扫码枪，在满足造型外部形态美观贴切的基础上设计出一款更符合人机工程学的产品，使其使用起来更方便、舒适。

产品介绍:
INTRODUCTION TO PRODUCTS

　　扫码枪一般都是ps/2接口，实际上是一种键盘模拟器，它和键盘共用一个ps/2口，扫描仪内部的解码器扫描到条码后就把它"翻译"成键盘编码，在相应的图表中就好像我们手工敲入条形码一样。 光学系统为: 光源可见激光650~670，没有辐射。

■ 时间表:
TIMETABLE

	1st. week	2ed. week	3rd. week	4th. week	5th. week
课题准备					
市场调研					
数据分析					
提出方案					
反复修整					
制作模型					

人的手部生理特征研究：
physiological feature of hands

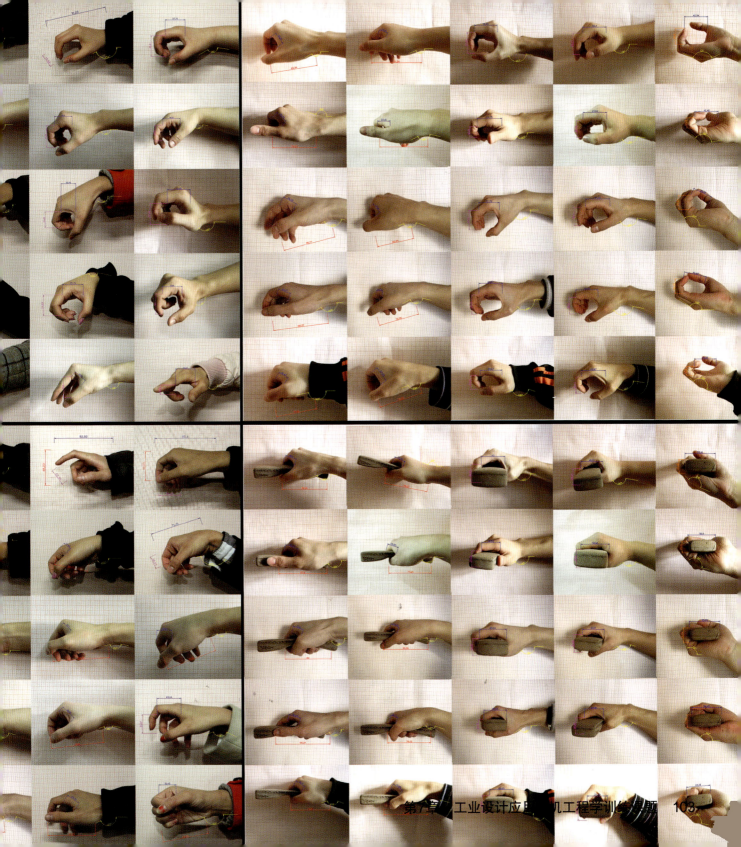

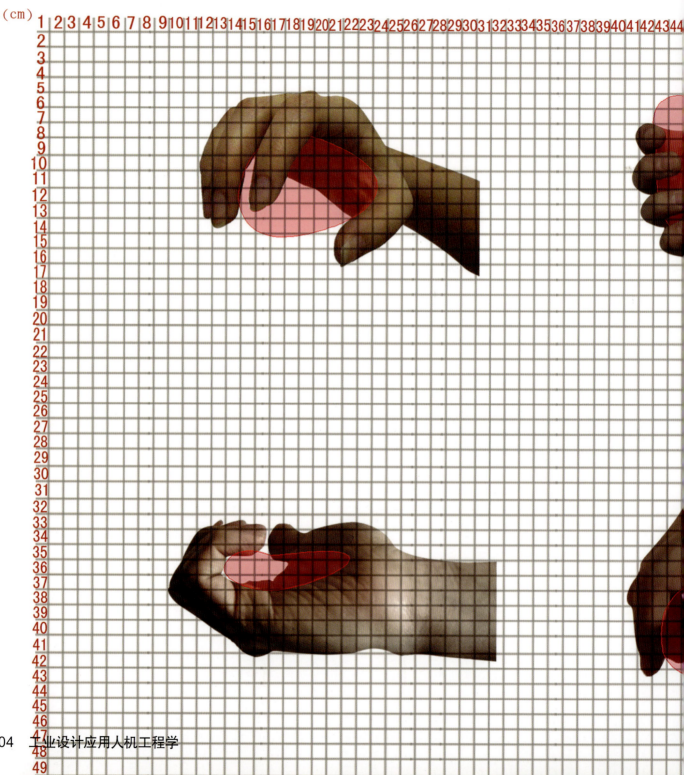

51525354555657585960616263646566676869707172737475767778798081828384858687888990919293949

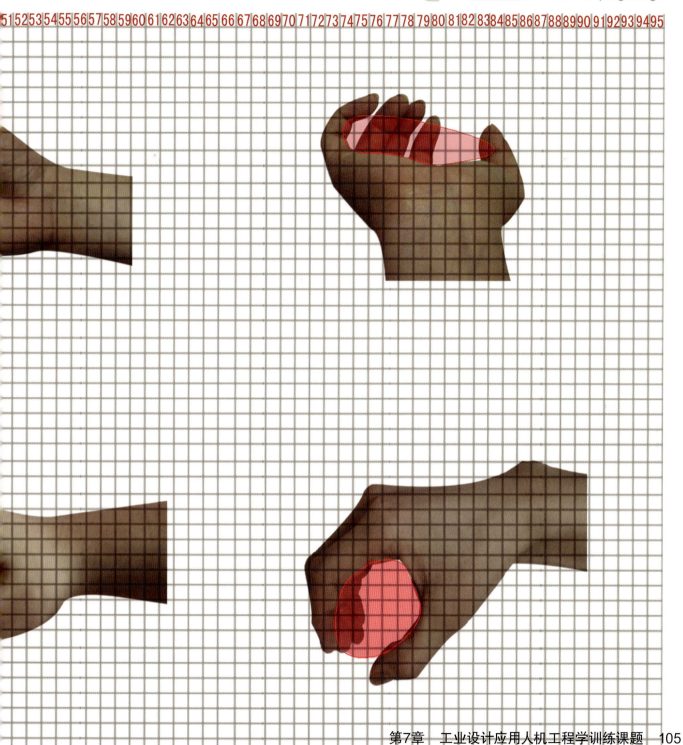

模拟动作流程——45°

现场真实动作流程

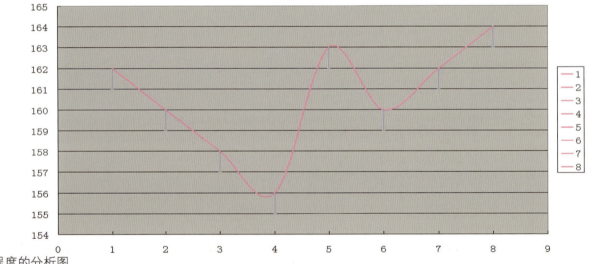

动作角度与疲劳程度的分析图

模拟动作流程——仰视

∠10=88°　　　　　∠9=80°　　　　　∠8=71°　　　　　∠7=41°

1.　2.　3.　4.　5.

模拟动作流程——俯视

∠1=154°　　∠2=148°

∠3=141°　　∠4=137°

∠5=131°　　∠6=136°

∠7=141°　　∠8=145°

∠9=148°

9.　8.　7.　6.

∠1=64°　　　　∠2=33°　　　　∠3=32°　　　　∠4=29°　　　　∠5=26°

超市收银员采访

访谈地点：中型超市——跳蚤超市

人物情况：王某，女性，30岁，容貌端庄，举止大方，工作起来动作麻利、干练，得心应手，对顾客始终面带微笑，态度热情。

问：请问在你干收银员以前都从事过哪些职业？

答：就我个人而言，只读到职业高中就没有再读了，文化程度不算高。在2007年的时候曾经去过电子行业和餐厅打过工，但时间做得都不算太长，半年左右就离开了。

问：你是如何找到这份工作的？

答：这家超市在人才市场招聘，通过应聘、面试和测试后自己被录用。录用后有三个月的见习期，见习期满，胜任这个工作后，才被这家超市正式录用。

问：请问收银员这个职业一般都做些什么的呢？

答：都是把商品过机，然后收钱，向超市财务部门交款并核对帐目，总体上说也是一种比较简单的工作。

问：你们的工作地点一般会在哪里呢？

答：都是在超市里。

问：你们一般会使用哪些工具呢？

答：一般都用收银机、扫描仪，偶尔也使用一下超市统一配发的能与超市其他工作人员联系的对讲机。

问：工作场所的性质有哪些特征？

答：超市属于公共场所，人流量大，环境喧闹。在这里可以遇到各种各样的人，上班地点固定。

问：你认为做好这份工作应该具备哪些知识、技能和经验，需要接受哪些测试或培训？

答：一般要求是干过类似职业，如售货员、售票员或会计出纳之类的，也没有什么经验。但是我们这一行的工作要求也是相当严格的，既要求热情大方，礼貌待客，又要求心细谨慎，有足够在上班前，超市在了解掌握你简历的同时，最主要看你的实际操作和反应能力，有必要的话还要接受超市管理者实际测试。

问：你认为作为收银员这个岗位对个人的道德品质的要求很重要吗？

答：当然很重要，因为收银员直接接触的是超市的售货款，与钱打交道的机会相对较多，在收款、交款、对账等很多环节中都是靠收银员的责任心和道德素养来完成的，如果收银员的道德律的制裁。

问：这个行业对人的素质（能力和性格特点）有哪些要求呢？

答：应该要和蔼可亲，面带笑容，尽量让客人满意，要有耐心，人际关系能力强。

问：在收银员这个岗位上，男女在就业的机会上平等吗？

答：就收银员这个具体的业务性质上看，肯定女士比较有优势一点，相对来说，女士更细心谨慎一些，也会给顾客留下热情的印象。从体力上讲，在超市男士会在配货、送货等岗位上有更

问：这个行业的人们对于这个工作有什么满意或不满意？

答：其实并没有什么满不满意的，这个岗位有时由于人流量大或商品质量问题会受到客人的投诉，而且市面上假币流量大，又无验钞机，收款时是很难分辨的，而收到假币后也要自己负责时不是很方便，偶尔会有算错帐的情况，当然也是自己负责赔偿。

问：这个行业的人才供求关系怎样呢？

答：对于这个行业来说，仍属于供不应求的。因为发展前景不大，而且工作时要保持站立姿势，每天8个小时下来，体力消耗较大，另外也需要谨慎、稳重、心细的性格，一般年轻人不爱

问：科技的发展或任何变动对这个行业的影响如何？

答：随着科学技术的进步，超市的各个岗位也会发生许多变化，譬如，随着目前在收银工作中，电子识别系统和消费刷系统都在不断地升级和更新换代，都在不断完善，自动化水平的提高岗位还不可缺少，从设备的操作和监督角度讲，收银工作的内容还是一样的。

问：这个行业是否有任何季节性或地理位置的限制呢？

答：据我的认识和了解，应该不受这些条件的限制，只要哪里有超市哪里就会需要我们收银员，最多的可能是逢年底和节假日遇销售高峰期，每个收银处会临时加派一名收银员协调做好收

问：你在做这份工作时，什么是最成功的？什么最有挑战性？

答：在做收银员这个工作中，我感到最成功的就是自己对面对购物高逢期收银人流量大的时候，自己能做到不乱方寸，沉稳镇定，不出错，保证工作效率，保证了顾客满意，为企业创造了效

问：就你的工作而言，你最喜欢什么？最不喜欢什么？

答：在工作中无所谓喜欢不喜欢，分内的工作总得去做，尽量以愉快的心情完成工作，确保不出错，顺利完成每天的工作就是我最大的心愿。

还要讲求效率，不能因为怕出错动作缓慢，耽误顾客时间，影响超市效益。因此

，那将是十分危险的，一旦发生事故，不仅超市财务遭受损失，自己也会受到法

平。另外，有时逢节假日购物的人多时，工作效率必须要有保证，使用扫描仪有

行业的人都是30岁左右的已婚妇女。

人工投入的劳动会越来越少，需要的人员也相应减少，但在短期内，收银员这个

来说也是最有挑战性。

问卷调查结果分析
investigate of mentalanalysis

受教育程度不高，普遍受过中等职业教育。

性格热情大方，人际关系能力强。

稳重有耐心，对工作细心谨慎。

工作效率高。

有责任心，有职业操守和较高的道德素养。

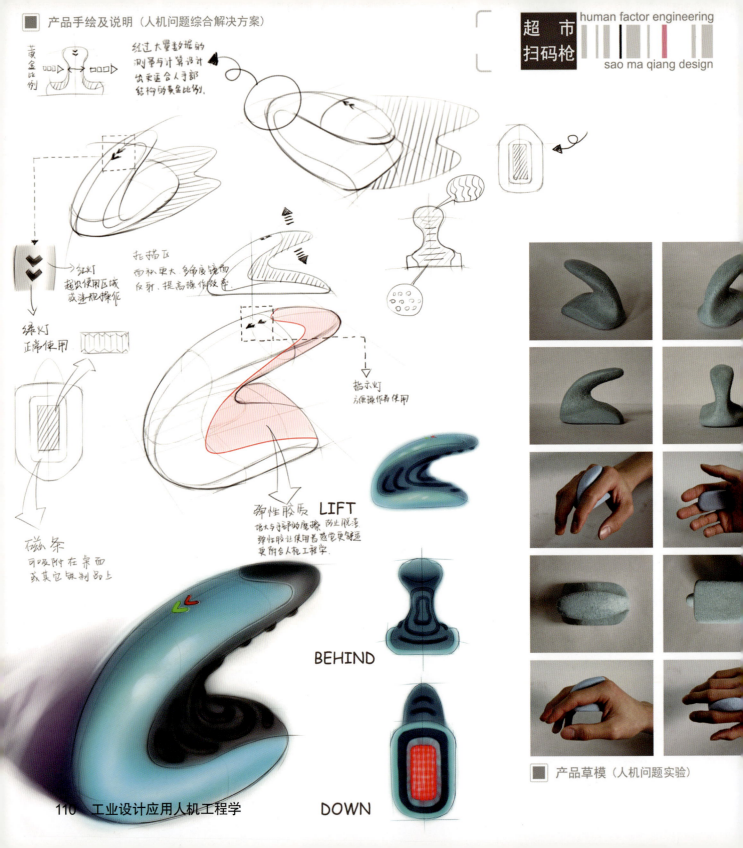

■ 产品手绘及说明（人机问题综合解决方案）

黄金比例

经过大量数据的测量与计算设计出更适合人手部结构的黄金比例。

扫描区
面积更大，多角度镜面反射，提高操作效率。

红灯
超出使用区域或违规操作

绿灯
正常使用

指示灯
方便操作者使用

弹性胶质
指大与手部的摩擦，防止脱落，弹性胶让使用者感官更轻送更附合人机工程学。

LIFT

磁条
可吸附在桌面或其它铁制品上

BEHIND

DOWN

■ 产品草模（人机问题实验）

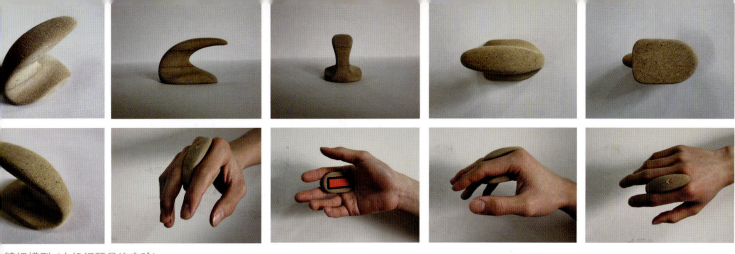

精细模型（人机问题最终实验）

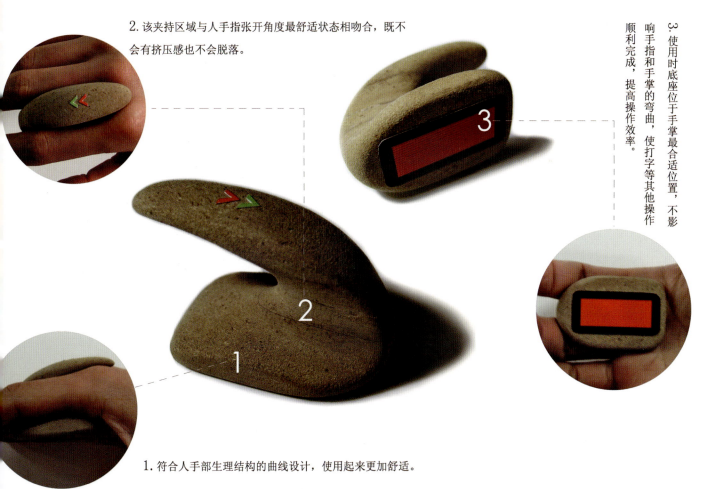

2. 该夹持区域与人手指张开角度最舒适状态相吻合，既不会有挤压感也不会脱落。

3. 使用时底座位于手掌最合适位置，不影响手指和手掌的弯曲，使打字等其他操作顺利完成，提高操作效率。

1. 符合人手部生理结构的曲线设计，使用起来更加舒适。

Human Factor Enginererring
Nail-clipper1
01 Design

手的生理结构

手和手腕有27块骨头。韧带将骨头与骨头连接起来,肌腱将肌肉与骨头连接起来。韧带和肌腱的长度相同,但是当它们收缩的时候,肌肉就缩短了。因此,当肌肉收缩时,肌肉就会拉动肌腱,而肌腱会使肌腱所附着的骨头活动。控制手的活动的大多数肌肉在前臂。

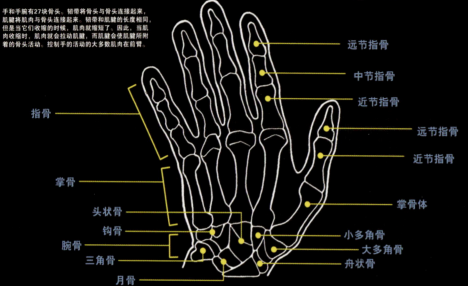

- 远节指骨
- 中节指骨
- 近节指骨
- 远节指骨
- 近节指骨
- 掌骨体
- 小多角骨
- 大多角骨
- 舟状骨

指骨
掌骨
头状骨
钩骨
腕骨
三角骨
月骨

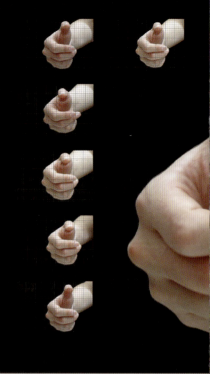

Human Factor Enginererring
Nail-clipper1
02 Design

大拇指向下按的角度

经小组拍照调查分析,得出结论: 人在剪指甲的过程中,大拇指从开始到结束向下的角度大约为9°。因此得出上下刀刃的间距越大向下按的角度就越大,也就越费力。
因此,想要越省力,两刀刃间的距离也应越小。

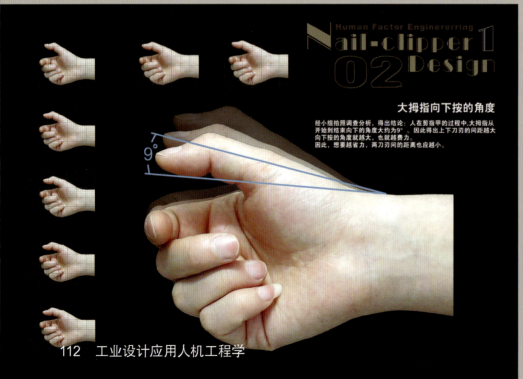

9°

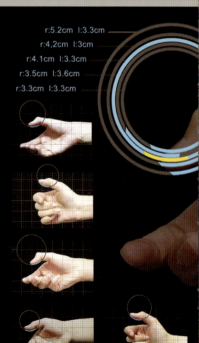

r:5.2cm l:3.3cm
r:4,2cm l:3cm
r:4.1cm l:3.3cm
r:3.5cm l:3.6cm
r:3.3cm l:3.3cm

Human Factor Enginererring
Nail-clipper 1
03 Design

大拇指向下按的距离

经小组拍照调查分析，得出结论：人在剪指甲的过程中，大拇指从开始到结束向下的距离大约为2.4cm。因为向下按的距离越大，刀刃间的距离也就越大。
因此，两刀刃间的距离越小，越省力。

Human Factor Enginererring
Nail-clipper 1
04 Design

大拇指肚的弧度及受力长度

经小组拍照调查分析，得出结论：每个人的大拇指指肚的弧度不同也就意味着受力长度不同。经过多人分析计算，指肚的半径平均数为4.1cm，受力长度为3.3cm。
因此，在指甲刀手把的设计中，按照此数值比例，更符合大部分人的生理特征。

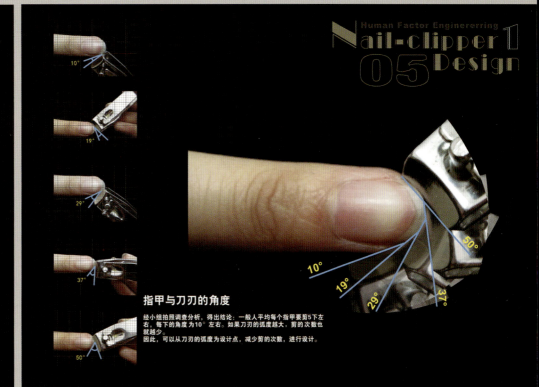

Human Factor Enginererring
Nail-clipper 1
05 Design

指甲与刀刃的角度

经小组拍照调查分析，得出结论：一般人平均每个指甲要剪5下左右，每下的角度为10°左右。如果刀刃的弧度越大，剪的次数也就越少。
因此，可以从刀刃的弧度为设计点，减少剪的次数，进行设计。

Human Factor Enginererring
Nail-clipper 1
06 Design

不同握姿的四个视图

通过拍照进行调查分析得出结论，不同人在剪指甲时握姿各有不同，因此我们应该从不同角度出发来进行研究设计。

指甲刀使用人群
——儿童

我们小组不仅研究调查了老人，还调查了一些儿童，把他们进行一下比较分析，小孩和老人的情况差不多，都是力量比较小，发力不均匀，由于儿童的控制力不如老人，也了稳定起见，通常是捏指甲刀把比较靠前，受力面积较大从而达到稳定性。

指甲刀使用人群
——老人

在我们小组的调查研究中我们发现，老人们在使用指甲刀是，手比较粗壮，一般按指甲刀的位置稍后一些，而且手与把的受力面积相对较小，这样对于老人来说上了年纪，力量用的不均匀，这样的按法可以使他用的力稍小一些，从而也能剪去多余的指甲，节省体力。

受力面积分析

通过图片进行分析，不同
把不同人的受力面积因素

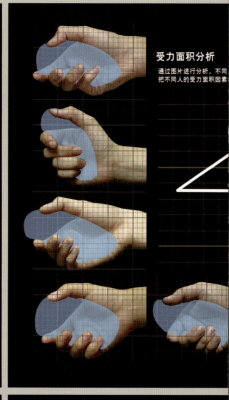

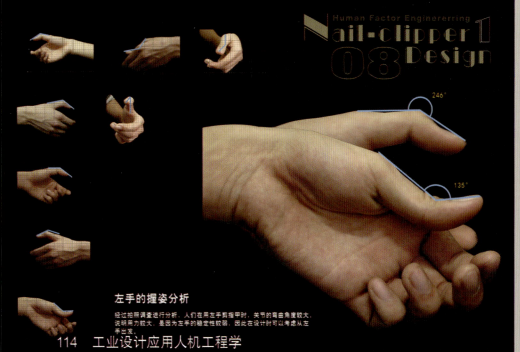

246°

135°

左手的握姿分析

经过拍照调查进行分析，人们在用左手剪指甲时，关节的弯曲角度较大，说明用力较大，是因为左手的稳定性较强，因此在设计时可以考虑从左手出发。

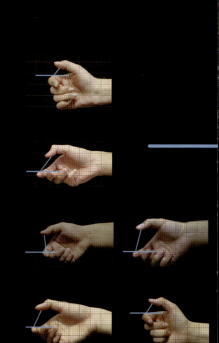

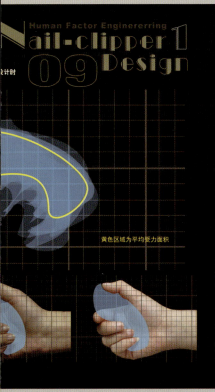

Human Factor Enginererring
Nail-clipper 1
09
Design
设计时

黄色区域为平均受力面积

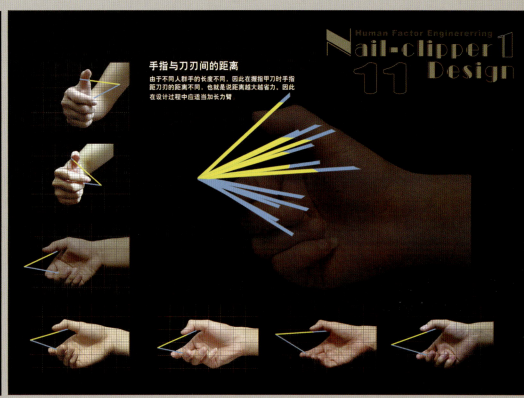

手指与刀刃间的距离

由于不同人群手的长度不同，因此在握指甲刀时手指
距刀刃的距离不同，也就是说距离越大越省力。因此
在设计过程中应当适当加长力臂

Human Factor Enginererring
Nail-clipper 1
11
Design

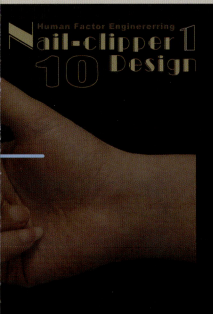

Human Factor Enginererring
Nail-clipper 1
10
Design

大拇指与食指的角度

通过图片调查分析得出，大拇指与食指的角度越小
越省力。

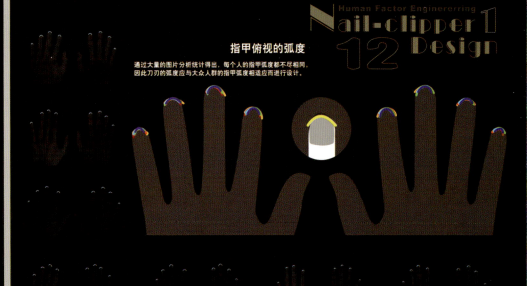

指甲俯视的弧度

通过大量的图片分析统计得出，每个人的指甲弧度都不尽相同，
因此刀刃的弧度应与大众人群的指甲弧度相适应而进行设计。

Human Factor Enginererring
Nail-clipper 1
12
Design

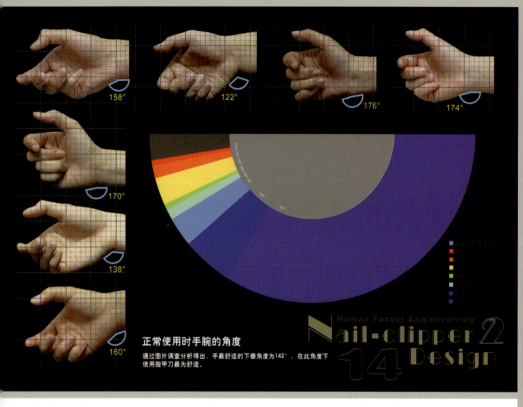

158° 122° 176° 174°

170°

138°

160°

正常使用时手腕的角度

通过图片调查分析得出，手最舒适的下垂角度为142°，在此角度下使用指甲刀最为舒适。

Human Factor Enginererring

Nail-clipper2
14 Design

侧视剪指甲整体动作分析

Human Factor Enginererring

Nail-clipper2
15 Design

肘部运动角度

剪大拇指指甲的角度普遍比剪其他指甲的角度
最大活动区间111°，平均活动区间为73°

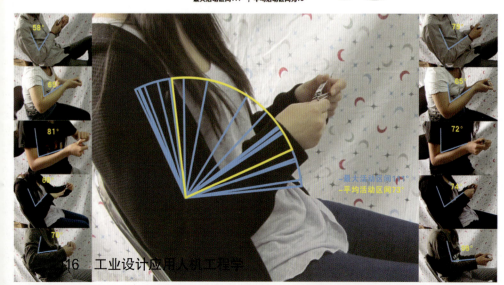

58° 75°

65° 65°

81° 72°

80° 74°

70° 75°

—最大活动区间111°
—平均活动区间73°

16 工业设计应用人机工程学

使用中还存在的问题有指甲刀容易脱落，看不清指

问题一 剪指甲时指甲容易崩

问题四 左手拿指甲刀不舒服

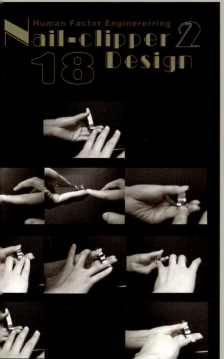

Human Factor Enginererring
Nail-clipper 2 Design
18

Human Factor Enginererring
Nail-clipper 3 Design
21

Human Factor Enginererring
Nail-clipper 2 Design
19

问题三 指甲刀容易滑落

问题六 容易剪秃

问卷分析

第一题 在你清理指甲时，你习惯的剪指甲动作？
A 56% B 44%

第二题 你平时的穿衣打扮倾向于什么路线？
A 75% D 25%

第三题 男士们平时都理什么发型吗？（女士心目中的男士）
A 32% D 68%

第四题 女士们平时在自己的头发上做什么文章吗？（男士心目中的女士？）
A 12.5% D 50%

第五题 你认为什么是幸福？
A 18.75% C 6.25% D 75%

经调查统计 青年人群选A项的居多，中年人群选C的较多，而老年人群多选D项

分析

你是个比较不容易让自己向现实妥协的人，无论在什么状况下，你都希望能够维持自己的标准，并且极力和环境对抗，所以有时你会觉得累，即使环境再怎么不如意，你也要力抗到底，这样子的话，你会有点辛苦，有时不要把标准都用在每个人的身上，把每个人都闹成你所要求的样子，没有一个人是十全十美的，你要懂得在处事与人上圆滑一点。对造型的要求十分动感，给人一种强劲的动势。

你对自己有一定的标准，两者有冲突时，你会尽力为自己两顾，但当事实胜过理想时，你也不会太过坚持，以免自己太累了，有时是不是觉得自己白忙一场。对造型要求很花哨，花哨的造型和严谨的颜色相交融。

你对自己很有爱心，当现实的力量大过内心的标准时，你通常很快屈服，这种人做事的确是圆滑了些，在这个现实的社会里，得到一片生存的天地，造型趋于单纯，朴实，给人一种踏实感。

你对自己其实没有什么标准，反正就是一味地让自己随波逐流，听起来似乎没有原则，但你可真是随遇而安，随处自在，有好有坏，因为好的话，就是与世无争，但是也容易被人利用！简约的简单的一种品质，简单之中又不一种高贵而不浮躁的一种秀丽，恰到好处。

指甲刀 问卷调查
—鲁迅美术学院工业设计系10级
Human Factor Engineering

第一题 在您清理指甲时，习惯哪种剪指甲动作？
A一定要把指甲剪得干干净净，各个角度剪得都很仔细，而且指甲磨得非常光滑，形状修理得也特别好。
B把多余的指甲剪去就OK，不做过多的修饰。
C有时候着急就会用牙去咬掉。
D剪指甲太累啦，让其自然生长吧，实在看不下去了再剪。

第二题 您平时的穿衣打扮倾向于什么路线？
A运动风
B嘻哈风
C西装革履
D经典黑白灰配色

第三题 男士们平时理什么发型？（女士心目中的男士）
A平头、寸头
B奥西干（鸡冠头）、小贝
C长发飘飘
D自由式短发

第四题 女士们平时在自己的头发上做什么文章？（男士心目中的女士）
A马尾小辫
B沙宣
C长发卷卷带色
D齐耳短发

第五题 您认为什么是幸福？
A柴米油盐酱醋茶
B如果再给我一次机会，我会在"我爱你"那个期限上写上一万年
C给我一个支点，我可以撬动地球
D耕田来我织布，你挑水来我浇园

人机问题的分析归纳、解决

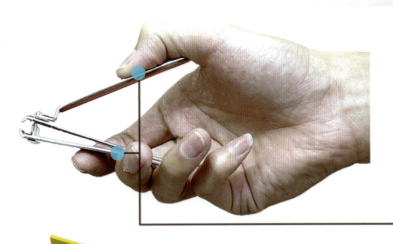

握姿对比

● 传统向下按握姿 上下用力却只有上端做工

● 改为握式施力后 易抓握 且两端均做工 易于使用

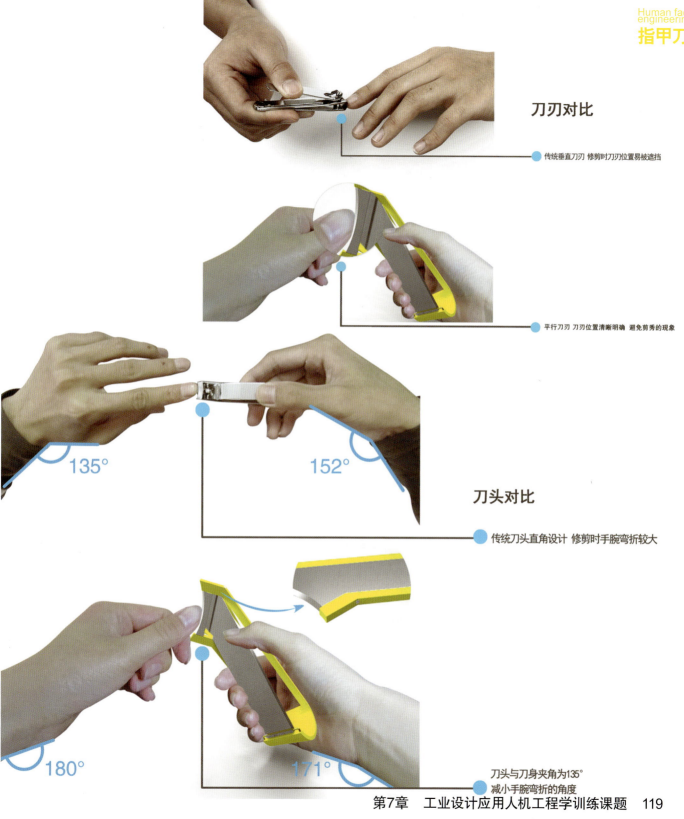

刀刃对比

传统垂直刀刃 修剪时刀刃位置易被遮挡

平行刀刃 刀刃位置清晰明确 避免剪秃的现象

135°

152°

刀头对比

传统刀头直角设计 修剪时手腕弯折较大

180°

171°

刀头与刀身夹角为135°
减小手腕弯折的角度

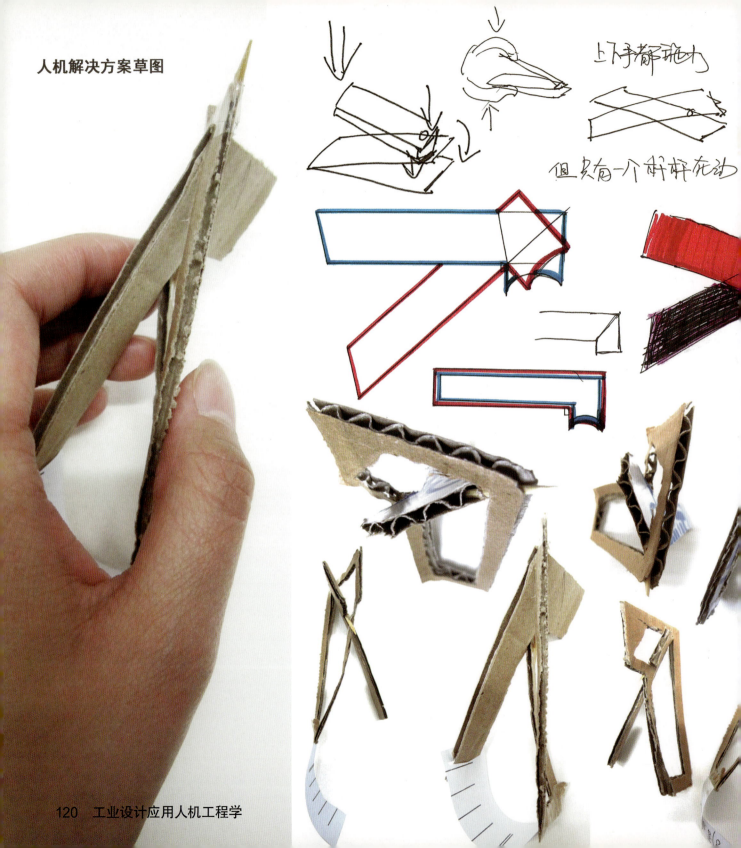

人机解决方案草图

上下手都施力

但只有一个杆杆死动

计算机辅助设计

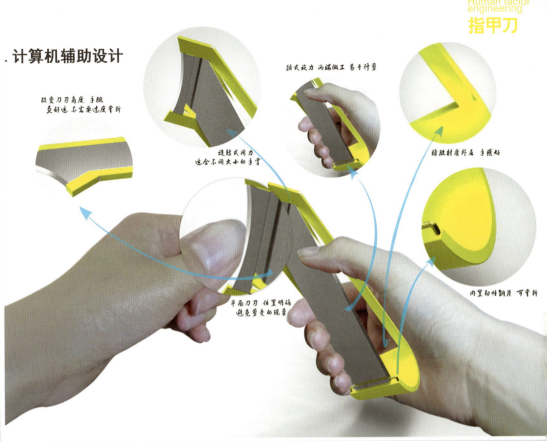

改变刀刃角度 手腕
更舒适不需要过度弯折

捏式发力 两端做工 易于什剪

楔结式用力
适合不同大小的手掌

平面刀刃 位置明确
避免剪歪的现象

橡胶材质外层 手感好

内里好钢片 可掌折

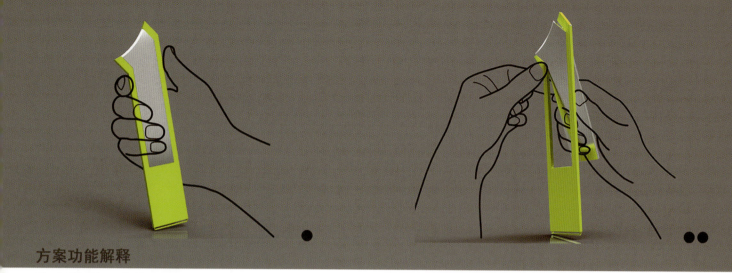

方案功能解释

真实模型、人机实验

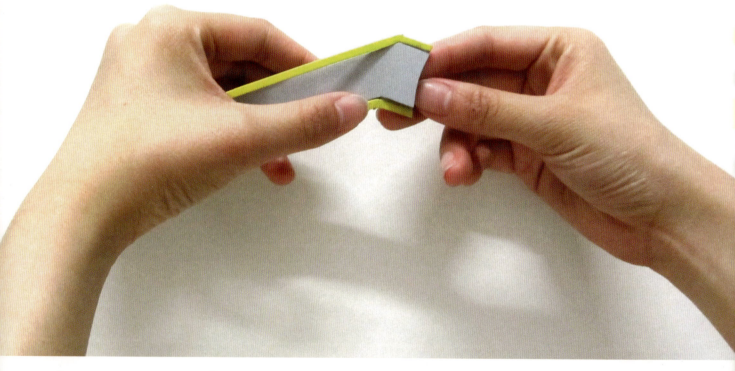

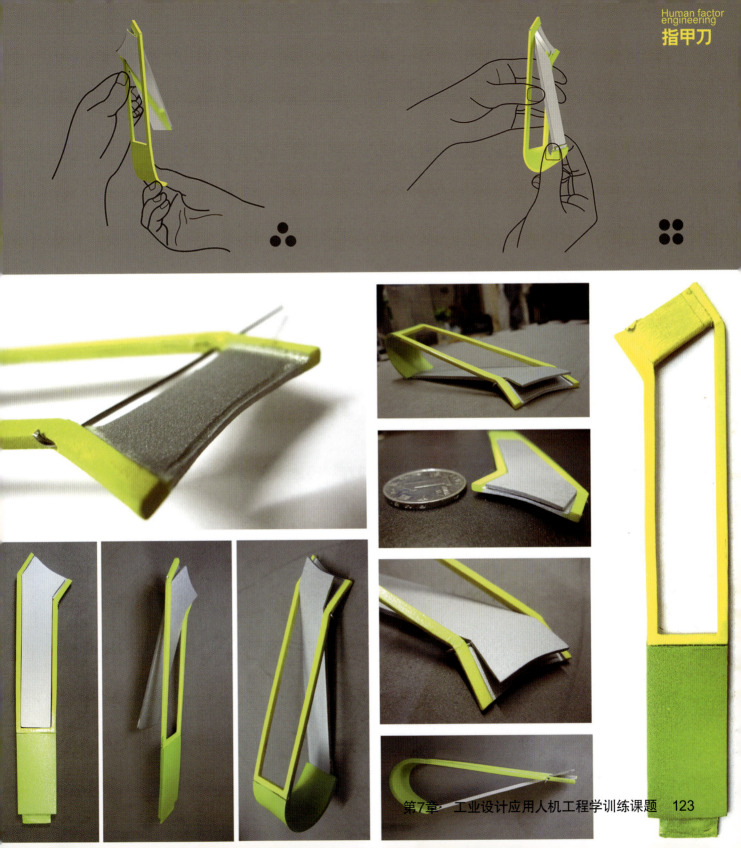

附录A 术语表

以下是人机工程学、工效学常用的术语。此术语表可以帮助学习者更好地进行学习研究，以补充本教材的理论上的不足。

50/50混合： 为某假定设计人群而设立的数量相等的男子和妇女。从统计上把每单个人群的数量合并，以便估计某设计中50/50混合后的百分数。工作场所、工作任务和机器设计中使用人体测量和力测定数据时，要考虑50/50混合的问题。

可接受负荷： 某人在一定地点选择的，能够搬举一定时间内的物体的重量（重物置于一定的箱子内）。在心理物理学实验，受试者通过调整箱子重量（调至适合整个搬举任务持续期间）来决定搬举重量。

工人适应： 一种设计方法，它使工作任务的要求与劳动者的能力相适应，以便大多数人能完成所要求的工作。它也可以是提供辅助设备，例如升降台或其他工具，使劳动设计与工人相适应（甚至在原设计不适合工人的个子大小和能力）。

适应： 根据环境条件的测整。在生物节律，意指对变动的工作时间（尤其是夜班）的反应其幅度和时相的调整。对温度变化的适应则称习服。

内收： 肢节向身体中轴的移动，例如横过身体前方移动手臂。

有氧代谢： 在有氧的条件下食物降解成二氧化碳和水，在这个过程中可产生大量的ATP，它保证肌肉活动和身体的代谢过程如生长、激素分泌和组织修复。

无氧代谢： 在无氧条件下，淀粉或糖分子降解成乳酸和丙酮酸。在无氧代谢，产生少量ATP，而堆积的乳酸会导致肌肉严重疲劳，最终减少有用的做功。

人体测量： 以物理量纲对人的研究，它包括人体特性的测量，例如，身材、宽、围长和解剖位点间的距离。人体测量还包括身体节段的质量、节段的重心和关节移动的范围，后者用于工作和姿势的生物力学分析。

任意的工作歇息： 非按计划的且与该工作任务无直接联系的工作中断。常以此弥补工人长时间工作而无间歇（1~2min），包括喝水、上厕所、与同事谈话或在走廊散步一下。如果在那些反复性操作和紧张的工作已安排了工间体息，则可基本免除这种歇息。

手臂劳动： 在一个无须弯腰或膝可及的岗位从事的体力活动。例如：在柜台工作，该位置至少90cm（35in）高且不需手臂前伸或一侧外展超过38cm（15in），工作主要靠手臂、肩膀和上部身体肌肉来完成。标准的平板功率车负荷试验表明，手臂或上部身体的工作能力大约为整个身体有氧劳动能力的70%。

不对称搬举： 由于所搬举的物体是不对称的或采取的姿势不允许平均地使用双手，双手不能平均地承担负荷，这样一种手工的搬举任务。不对称负荷一般给脊柱或上肢肌肉造成更高的负荷（与相同重量比较而言），易导致过度费力性损伤。

自动化： 使用机器或机器装置来自动地进行固定的工作任务。在自动化生产劳动，工人变成了机器的监视器而非任务的操作者。

抛发性搬举： 一种搬举方式，在负荷位移的早期产生很大的力，所导致的力矩有助于完成搬举。

生物力学： 应用力学原理如杠杆和力来分析身体部分的结构和运动。

身体节段： 位于两个关节之间的部分身体（如臂、前臂、躯干、下肢）以及那些在一定姿势和搬举劳动中可影响身体力学的部分。

体重： 身体的质量及由于引力而吸引至地面的力。其单位在国际单位制（SI，下同）为千克而英制为磅。氧消耗以每千克体重表示，以便将劳动负荷测定值标准化。

厌烦： 乏味或单调工作任务操作有关的一种厌倦状态。它是身体的一种反应，从事同一工作，个人的反应不一。

批量物品： 没零售包装的原材料或产品，包括许多建筑材料和大袋或箱子的食品或化品。

滑囊炎： 黏液囊炎症。黏液囊是靠近关节处（如肩或膝）的囊，这种炎症在某种病例中是由于关节过度活动所致。

最大劳动能力： 某人在一定条件下最大的劳动能力。有氧最大劳动能力依所累及的肌群的数量和环境条件而变化。一个人肌肉的最大能力随意收缩力，且随关节角度和用力时间及其他因素而变化。

腕管综合征： 在手和腕，穿过手腕腕骨通道的正中神经受累及，它常导致手指麻木和握物体时疼痛，可能伴有肌电类型及神经传导速度的变化，提示神经由压力而受限。

重心： 物体质量的中心点，它决定其对称性及是否易于操作。生物力学以肢体节段的重心来确定关节处的扭力矩。

舒适度分级： 在特定的工作环境或工作任务中，受试者对其感受的舒适程度所做的心理物理学测量。用于估计搬运作业中局部肌肉和关节的负荷，或对环境温度和湿度情况进行分级。

紧凑负荷： 在身体前方25cm（10in）距离内，手臂分开不超过50cm（20in）而舒适地操作某个物体。一般而言，物件深度不超过30cm（12in）。

适合度： 某种反应一致地符合人的预期。对于控制和显示而言，操作者的监控活动与显示的反应保持一致。

压力： 垂直施于某个表面的力。例如由于搬举或维持姿势而施加到椎间盘上的压力。

向心性肌肉收缩： 肌肉针对阻力用力时变短，如肘关节弯曲。参见离心性肌肉收缩。

混淆因素：	当研究某个因素的效应时，同时出现的一个变量。因为这个混淆因素可与所研究的变量发生作用，这使得数据的解释比较困难。例如：体力劳动可能成为时间对体温水平的影响这一研究的混淆因素。见Hawthorne效应。
偶发事件：	一种可能发生但不确定的状况或事件。工作设计必须考虑偶发事件，但不能为它左右。
持续劳动：	持续的、不间断的劳动负荷，例如肌肉用力。在动态劳动中，没有休息或轻体力劳动间隔的那一部分为持续劳动。持续劳动（尤其劳动需求高时）与间断劳动相比，导致疲劳提前发生和生产量下降。
对比度：	两个邻近非镜面在同样照明和周围环境下的亮度关系。
控制：	某种机械或电子装置，它指导机械设备的动作或者引起系统或生产过程发生变化。
严重缺陷：	在产品或组件存在的一种缺陷，它使得产品不能正常发挥功能或完全不工作。
断面面积：	肌肉横断地垂直长轴切开所形成的表面，肌肉产生的力量大小与其横断面面积成正比。
游标：	显示（器）上的移动元素。常用来显示仪器或显示器上预计的位置或错误，以便标明行或栏的位置，或指明何处发生下一个活动。
循环时间：	完成系列反复再现事件的那样个时间段。它可以是完成一项（包括多个要素的）工作任务所需的时间，或者是完成（重复性工作任务中的）单项的操作。
A声级分贝：	A声级计权的分贝，它消减了1000Hz以下的频率。声压级的一种测量单位，常用于评估工人的噪声暴露。
分贝：	常用于表达声音或电功率的量，相对于特定参照水平的一个对数指标，使人从事某工作任务熟练的程度降低。这可能由疲劳、注意力分散或不舒适所导致。其特点在于错误和失误增多、忽略工作任务的一些要素以及能力下降。
缺陷：	产品或零件的一种不完整、毛病或不足，它影响产品的性能。有几个层面的缺陷，从外表非功能的到可影响产品安全性的严重缺陷。检查员得学会识别这些缺陷，在这种产品进入下一个工作岗位或供给消费者之间剔除它。
可觉察性：	信号、显示、刺激或错误的一种质量，可影响能否感觉到它的存在位移，物体初始与尔后（一段时间）位置间的差异。在生物力学，物体可以是人的身体或身体某关节段。
显示：	装置或系统的信息以操作人员可看见或听见的形式呈现。
远侧的：	远离起点，指远离身体中线的某个位点。例如：手指远侧的指骨是指尖。
注意力分散：	把人的注意力和从事的工作任务分开的事件或状态。例如：热感，无论太热或太冷，均可分散工人对其工作活动的注意力。
动态肌肉作业：	肌肉长度在活动中发生变化的肌肉收缩，导致围绕关节的运动。大多数操作和组装工作任务以动态作业来完成。也参见静态肌肉作业（Static Muscle Work）。
动态视敏度：	观察运动的物件时，测量的视力敏锐度。
动力学：	关于运动中人体的一个生物力学研究领域。
功率计：	测量肌肉收缩力量的一种装置。例如：握力计测量手握的力。
效率：	以何等效率完成某项工作任务或操作。通常以所花费的能量、费用或时间来表示。在体力劳动中，效率为多少能量转变为有用的机械做功（与总量相比），总能量为机械做功加上以热浪费的能量。肌肉做功的效率多低于25%。
体力费力：	在从事某项工作时肌肉做功的量，通常称为体力劳动负荷。一般确定为每班搬运多少件物品，它们的重量、运输的距离以及工作的时间。
费力当量：	根据工业生产各种工作任务所需最大劳动能力百分比而将其体力费力水平分类的一种方法。尤其有氧劳动能力不同时（由于劳动累及不同的肌肉），可识别和区分费力水平的相似性。例如：同一能量消耗在手臂活动的工作任务属于高强度的劳动，而在全身参与的工作成为中等强度的劳动，因为手臂有氧劳动能力只是全身的70%。
电子角度计：	测量角度的仪器。它可置于肘或腕关节处，仪器的臂沿关节两段骨的长轴摆齐。当关节角度变化，仪器把这种变化转变为电信号，在整个工作周期记录这种电信号，来反映工作任务的生物力学特征。
肌电术：	记录肌电活动性的一种技术。在工效学用于评估不同工作时肌群的活动性，尤其适用于定性评估。
耐性：	在整个时间内维持某项活动的能力。例如：肌肉耐性可以用维持一定肌力的时间长短表示。在动态作业中可表示为维持一定水平的有氧劳动的时间量。
能量消耗：	在活动或休息时间所用的功（率）。常表示为瓦（W）、千卡/分钟（kcal/min）、千卡/小时（kcal/h）、每千克体重每分钟多少毫升氧。
工程控制：	工作或产品物理性改变，由此减少操作者接触肌肉骨骼疾患的危险因素。
环境：	可影响工作场所中人的行为和操作的那些周围环境、条件或影响因素。物理性因素如噪声、振动、照明、湿度和气流是工作设计时必须考虑的主要环境因素。
平衡点：	所有的力处于平衡且没有移动的那个点。在搬举任务的生物力学分析中，当倾向于向前转动身体的力矩为反方向的力矩抵消时，则可实现静态平衡。

工作的工效学设计:	采用人的能力与工作需求相匹配的原则分配工作任务和费力活动。这样设计劳动从而保证大多数工人能够完成作业而没有产生损伤和疾病的危险。
人类工效学:	关于工作设计与人的心理和生理能力相适应的一门学科。还有其他术语如人类工程、人类因素和人类因素工程。Ergonomics主要在美国以外地区使用。该学科旨在评价和设计工作场所、环境、工作、训练方法和设备,以便与使用者和工人的能力相匹配,由此减少潜在的疲劳、错误或不安全。
错误率:	每单位时间或工作或行动的错误或疏忽。例如:每检查一百件所漏检缺陷的数量或8h工作班中没有适当记录的读数,这是两种类型的错误率。工效学的工作设计欲减少犯错误的概率并由此降低错误率。
延长工时:	与正常工作8h相比较,每个工作班所增加的时间。尽管每个工人每个工作周不超过40h,10h和12h工作班为超时的工作制。长时间工作制和加班影响到体力劳动中疲劳的发生以及接触时间的调整问题,如工作环境中存在化学物、高温、低温、噪声及其他物理因素。
伸展:	即伸直关节。此时两骨间的角度增加,脚和腕的伸展例外。
疲劳:	过量的活动又没有适当的休息而导致的操作能力降低。既可以是脑力也可以是体力的疲劳。肌肉的疲劳伴有乳酸在工作肌的堆积。
反馈:	某个行动或过程的效应返回至发生源。在工效学,它指活动有关的信息返回到操作者,必要时对活动做出调整。例如,产品质量的反馈可影响装配者或检查者的操作。
灵活性:	依变化的条件做出调节的能力。由于疾病或休假而缺席时,如果从事某工作的群体没有过于严重地受到工作设计的制约,他们仍能完成工作。如果更多的工人具备相应的技巧和能力,管理者就有更多的选择,即更大的灵活性。
弯曲:	此时两骨间的角度变小。
灵活工时:	常在白班的一种工时制,它要求雇员在上午10点和下午3点主要工作间期内须劳作,其他时间可根据个人需要和工作喜好各行其是。希望每个人每星期各工作40h。这种工时制一直成功地用于欧洲和美国白领工作中。
方特:	一种印刷字,其大小和字体全一样。
英尺烛光:	照度或在某表面所透射光的英制测量单位。将照度计平放在物体表面测量,1fc在SI相当于10.81x。
英尺朗伯:	照度(散射或反射光)的英制测量单位。将光度计置于待测物体表面而测量,测量值高说明工作场所可能存在眩目光源。1fl在SI相当于每平方米3.43烛光。
脚踏:	一脚的支撑物,原本用于坐式工作场所,帮助工人根据个子大小调整与工作位置的差别,减轻姿势负荷。
力:	质量乘以速度,如人施加某物体的推和拉力。测量单位为牛顿(Newton, N)或磅力(pound of force, 1bf)。参见扭矩(Torque)
力臂:	杠杆系统的组成部分,一部分杠杆位于转动轴(支点)与肌力施加点之间。
力传感器:	将金属片的变形转变为电信号或指针移动的一种仪器,由此可计量变形力。应变量规和推-拉量规即力传感器。
搬举频率:	每分钟或其他短周期所搬举的次数。应同时考虑休息或恢复间期的分布,以便确定劳动负荷的高低。
腓肠肌:	小腿最大和最外侧的肌肉。
眩目:	在视野内一个超过眼睛所适应的引起的一种感觉。它可引起烦恼不适或注意力分散或导致有关人员可见度下降。
重力加速度:	加速度的测量单位,表示为每秒速度变化率。人体和四肢振动的表示单位常用g。人们不怎么关心0.3g而注重1g以t的重力,它与振动病有关。
持握间距:	文件夹厚度修订为5~8cm(2~3in),使人可牢靠地握住它。这用于设计那些塑料文件夹(工艺上的原因,在塑料文件夹难以采用其他样式的把手)。
三角布:	在袋子角附加一块三角布,它使得更耐用并在搬运工中可用钩子抓这个地方。
提手:	物体上使认可手工提起或搬运的那一部分(位置)。提手应这样设计:有适当手的净空,边缘是圆形的,物体重量不应集中在少数几个手指上。
搬运:	搬举、放下、运输、推拉或滑动某物体,以便把它从一个地方移到另一个地方。如果这种移动是人的肌肉为动力则称为手工搬运。
搬运机械:	帮助人把一个物体从一个地方移到另一个地方的装置。例如升降机、剪式桌、运送机、钩子、钳子、手推车或货车。
Hawthorne效应:	指在西点公司Hawthorne电厂关于混淆因素的一项研究,认为对工人的关注可影响工作场所干预措施是否成功。
心率:	心脏收缩频率的生理测定指标,以每分钟心跳次数表示。心率可用于估计工作紧张度、劳动负荷、环境负荷。
热负荷:	在高温环境劳动而导致的生理负荷,热负荷引起心率、体温和出汗率升高,并常引起操作人员有疲劳感。严重的热负荷可导致热衰竭或中暑。

重度费力：	仅能持续1h或更短时间的重体力劳动。还包括搬运超过18kg的物体及用力大于250牛顿 (56lbf) 。
赫兹：	频率单位, 1Hz在SI等于每秒一个周期。当对工作场所或产品做频带分析时, 某个频率段的噪声级别也以频率表示。
色度：	由可见光的波长所决定的颜色的属性。色度光谱为红、橙、黄、绿、蓝—紫。
人操作者：	参与某个操作系统及其有关设备的运行和支持的人员。
湿度：	大气的水蒸气压力, 可用自然湿球温度计、甩干或电子干湿球温度计、相对湿度计测定。
脊柱过度伸展：	躯干超过直立位置的伸展, 形成背向的弓形且改变椎间盘上压力的分布, 见于超过肩高的作业。这在敏感个体可加重背部疼痛。
事件：	事件、行动或状况, 其发生或近乎发生有记录在案。在安全研究中, 可指事故、准事故或疾患。
指示器：	一种仪器或装置, 用于显示工作任务有关的信息, 例如位置、速度、压力或过载。指示器可以是机械的、电的或电子的, 例如: 指针、警戒灯和显示屏。
下方：	最下面或下方, 例如脚在踝的下方。
信息：	一组物品的数量特征, 由此可对这些物品分类或分级。信息的量是由分类该组物品所需的操作次数决定的。这种操作可以是声明、决策和试验。
输入：	指进入机器或系统的信息或能量, 它是待测量或处理的。也称作输入信号。
强度-持续时间关系：	指这样一种关系: 体力劳动负荷持续的时间越长, 可供使用的最大劳动能力或者力量就越低。它对静态和动态作业都很重要: 静态作业中, 随持握时间延长, 最大随意力量下降; 动态作业时, 有氧劳动能力受影响。
界面：	操作者和他所用机器之间的物理性分界, 如控制板、显示器、座位、工作台。
间断工作：	体力 (中等至高需求的) 工作被几秒或几分钟的短暂休息或者轻体力工作时间有规律地打断。这些休息时间可以让肌肉补充氧气和能量, 还可以减少乳酸堆积。
等动力的：	在动态作业以恒定速度施加肌力。
等长肌肉作业：	在没有明显改变纤维长度情况下所产生的力。因为等长收缩时不存在移动, 肌肉没有对外做功。像维持姿势或握住物体这样的静态作业属于等长肌肉收缩。它的劳动负荷可以这样评价: 测定劳动所需要的力, 除已能获得的最大力, 再考虑持续时间。
工作分析：	是测定和识别某项工作中的职责、任务和作用的一种研究, 也还包括工人需具备的技能、知识和责任。它可通过测量、观察和交谈来完成。
工作要求：	某工作在生理、心理和知觉方面的要求, 它决定劳动负荷是否适合将从事这项工作的劳动者。
工作设计：	工作任务在工作班的安排, 无论是按照轻、重体力劳动的分布或者是在精神紧张或感官要求高的工作 (如质量检查) 中工间休息的安排。好的工作设计可减少人疲劳和错误。
工作禁忌：	一种医学上的措施, 旨在帮助受伤或有慢性疾病的人重返工作岗位。由于会加重其疾病或损伤, 认定某些工作或任务是不适合他们的。直到康复之前, 均需要工作禁忌。
工作轮转：	工人从某个工作任务转到另一个, 尤其涉及不止一个工作岗位时。
工作满意度：	一种多方面的心理物理测量指标, 它将个人对工作需求和个人目标之间关系的态度进行比较和量化。
工作共享：	雇主和两个雇员之间的一种协议, 即一份工作由两个半职的而不是一个全职的人完成。这种安排往往是为照顾那些年轻人, 他们需要照顾小孩或参加学习。
焦耳：	在SI中, 功和能量的单位, 约等于0.25cal, 107erg或0.7376ft, 1bf。
千卡：	即1kg水从14℃升到15℃所需的热量, 1000cal。它用来表示劳动负荷或食物在体内氧化后产生的能量。每分钟一千卡约等于70W或每分钟0.2L氧。
千焦耳：	在SI中, 功和能量的单位, 为1000J或约0.2kcal。
千帕：	在SI中, 压力的单位。它等于1000N/m²或0.151bf/ft2。
运动学：	描述运动的动态生物力学分析, 不考虑质量和力。
动觉：	人的一种感觉, 它告诉大脑身体或四肢的移动, 及其空间的位置。移动的意识是通过激活 (压或牵拉) 肌肉、肌腱、关节中的特殊受体而实现的。
动力学：	在生物力学, 对影响人体移动的力的研究。
乳酸：	在不能获得充足的氧气将葡萄糖完全降解为CO和H, O时, 葡萄糖分解所形成的一种三碳酸。血液中的乳酸为乳酸盐。极度活动后, 肌肉和血液乳酸含量增高。
外侧的：	从与矢状面 (把身体分成左右两半) 平行的平面, 其中线到身体的一侧。
学习：	由于教育、实践或经验而在行为和操作上发生的改变。
易读性：	指标签、文件或显示屏能够识别和理解的容易程度。字的设计和大小、对比度、照明、字和背景的颜色以及文字信息的结构都会影响易读性。
轻度组装作业：	低能量消耗的劳动, 通常是坐位工作。这类工作任务主要累及手、臂和肩的肌肉, 操作的重复性也高。
轻度费力：	容易地持续进行1天至少8h的体力劳动, 也可以是搬运少于5kg的物体, 施加少于100N (22.5lbf) 的力。

感觉性负荷: 　刺激 (需要操作者做出反应的那些刺激) 的数量和种类。例如: 视觉系统负荷在区分数种刺激比只区分一种和少数几种刺激时要大。

长期: 　较长时期才发生或持续较长时期。几年时间这种改变才显现出来, 比如与心理压力有关的疾病。

疾病或伤害的时间损失: 　疾病和伤害所造成的工作时间的损失。时间损失一般提示严重的疾病或伤害, 但也可反映缺乏可供选择的工作任务。腰背和手腕的疼痛是导致工作时间的损失的主要职业性因素之一。

响度: 　听觉的特性, 依据它声音可由柔到到响排列。测量响度的单位是宋 (sone)。

勒克斯: 　在SI中, 照度的测量单位, 或指落在某表面的光。将照度计直接放在物体表面测量。低照度在某些视觉工作任务中会带来一些问题, 例如检查产品低反差度的缺陷。1lx等于0.09fc。

可维护性: 　硬件和软件的设计以及保持全体维护人员能力和素质的培训。仪器和紧固件的设计指南、仪器的手工和视觉入口、有效的处理、工具容易使用、零件的识别以及经验和知识的总结部属于可维护性。

手工的: 　由人操作和执行, 而不是靠机器。

手工灵巧度: 　手操作物体的能力。通过试验可识别不同程度和类型的灵敏度。有三种主要的类型: 巧手或精确灵敏度、镊物灵敏度和 "粗手" 灵敏度。后者远没有前两者精确, 它多涉及手的强壮有力。

掩蔽: 　一种声音的听阈 (yù) 在另一种掩蔽声音 (如白噪声) 存在时所提高的量。它的测量单位为分贝。

最大有氧劳动能力: 　即最大氧耗率, 可在一定工作状态或在标准化的测试中实现。对大多数健康人而言, 最大氧耗率取决于心血管的功能。

最大握距: 　在能有力地握住物体时, 拇指与其余手指的最大距离。在大约5cm (2in) 这样的理想握距, 握力可减少到50%以下。

最大心率范围: 　预计最大心率和安静休息状态时心率的差值。这个范围表示了工作中提高血流从而将氧输送到肌肉的储备能力。超过静息心率的心率升高值可以表示为心率范围的百分数, 由此评价某项劳动所消耗的有氧劳动能力。

最大随意收缩力: 　在一定的情况下, 肌肉或肌群所能产生的最大力。关节的角度、可利用的肌肉、工人的动机激发程度、持握时间的长短都对最大随意收缩力有影响。

居中的: 　与中间或中点有关, 接近于中点或中间矢状面 (它将身体分为左右两半)。

MET: 　描述工作负荷的传统方法 (与基础代谢率有关), 尤其用于心脏的康复。一个MET是基础代谢率, 一般为3.5mL/ (kg·min)。男、女工人的有氧作业能力平均分别为10MET和15MET。平均4~5MET的劳动负荷对8h工作而言属于中度到重度劳动需求。

矢状面: 　通过身体中线将身体垂直分成左右两半的一个平面。

中度费力: 　在没有工间休息的情况下, 可以持续约2h的那种体力劳动, 也可以是短时间搬运重达18kg (401b) 的物体以及施加250N (561bf) 的力。

动量: 　物体质量和速度的乘积。

监护: 　对某一过程或活动的观察、监听、跟踪或监测。例如监测无线信号、生产线上的产品质量、化学反应的过程或产品生产过程中的操作步骤。

运动技能: 　以平滑顺畅的顺序协调手、手指、腿、脚运动的能力, 来完成某些动作。

工时定额测定法: 　评价个体移动效率的方法, 尤其是在高重复性的工作。工作被分解成基本的任务如移动、抓取、翻转。在某些工厂, 用来设定生产标准和寻找哪里可用新方法提高生产率。MTM是根据F.Gilbreth 20世纪20年代早期的工作基础而建立的。

多维标定: 　一种心理测试方法, 用于评价多方面影响的那种刺激。例如: 食物, 可通过气味、外表和质地来评价; 图片则可通过颜色、对比度、曝光度和细节的清晰度描述。

重体力工作的自然选择: 　一种自然淘汰过程, 工作能力低的人 (指力量、耐性或视力) 因为不能继续从事这种高强度的体力劳动而离开。工作难度决定了在开始从事这项工作的人群中有多少人 (百分数) 能够全职地胜任它。在多数情况下, 自然选择是一个昂贵的替代办法 (针对工效学工作设计而言)。

神经肌肉的: 　属于肌肉和神经系统的运动端。

中性位: 　关节应力最小和力量最强的那个位置。

噪声: 　人不需要的信号, 它干扰所需信号的监测。噪声可以是听觉的, 例如交谈; 也可以是视觉的, 例如雷达或拷贝。

噪声标准平衡曲线: 　指任一种以下的标准, 如声音标准 (SC), 噪声平衡标准 (NCB) 或首选噪声标准。这些标准用作评定室内持续噪声的可接受性。

非损伤性测量技术: 　测量劳动对身体效应的方法, 它不需要刺入皮肤, 也不会有明显不适。例如: 心电图、运动测量技术、氧耗测量。

斜握: 　各种呈圆柱形的持握, 物体沿着拇指的根部握在掌心, 其余手指可呈不同角度的屈曲。

操作者输入: 　操作者从指令、显示器或环境接受或感觉到的信息。

操作者输出: 　操作者根据某些输入例如遥控器的激活、语言的交流所采取的行动。

操作者超负荷: 　指一种状态, 此时某人需要做出更多的决策、处理信息、观察信号或体力劳动以至于超过他在一定时间内有效处理事情的能力。

机器设计最佳位置原则：	显示器和遥控器的摆放原则，以便能使它们处于最佳位置，这涉及以下几个使用方面的标准：方便、精确、速度或者用力。
氧耗：	身体或组织和细胞消耗氧的比率。用升/(分钟·单位体重或组织重)表示。对一定的工作任务，氧耗在个体之间相当恒定。
同步性：	由外在的方式调控工人动作的速度。例如固定速度连续运行的传送带、产量的压力、同级人员的压力或报酬的刺激。过严的同步性对个体的生产力有负面的影响。
视差：	从不同的角度观看显示器，同一个物体或指针所显示位置的差别。
峰负荷：	在工作班，做的最重的活儿或搬举的最重的物体。
感觉到的费力：	某动作或工作任务(所要求的)费力程度的心理物理测量。用3分度、7分度或15分度的测量表测定，用如"重""非常重""轻"或"不适""稍微不适"等词来描述。采用Borg量表对全身和局部肌肉费力作了大量研究。
感知：	解释感觉的过程。即对外在事物、质量或其关系的感知。
认知能力：	观察和解释通过感官接受的信息。
认知劳动：	是一种用感官收集信息然后来决定采取什么行动的劳动任务。例如用视觉和听觉信息来鉴别那些有缺陷的、不合格的或几乎不合格的产品或零件。
操作能力曲线：	依靠某种变量如时间或次数对一定工作任务完成情况的测量。可用许多方法测量工作任务：生产合格产品的量、完成一个工作周期或生产一定产品所需的时间、生产次品的数量等。也可以是在几周的体格训练后，对一定劳动负荷生理反应的测量。
操作能力下降：	人的熟练能力的下降，它可能与操作者的过负荷、紧张或疲劳有关。它的特点在于错误和失误增加，工作要素忽略和力量下降。
操作能力的测量：	测量个体从事某一工作或任务的效率。生产率、操作采样、熟练度和工作知识的测试及检查表是客观的测量指标；同级人员、个人和管理者的评分是主观测量指标。
周期：	频率(f)的倒数或1/f，以每事件的时间为单位。在生物节律，周期是完成一个循环所需的时间，通常是24h。
周围视力：	看见周边物体的能力，主要通过眼睛的视杆细胞感觉。若要很好地感觉，物体应集中反映在视网膜的中央凹上的视锥细胞上。在检验工作任务中，周边视觉是察觉移动的缺陷的主要途径；在低照明区看东西，周边视觉起主要作用。
指骨：	手指掌，离手掌最近的是第一节指骨，指尖是第三节指骨。指骨远端离手掌最远，近端最近。指间关节位于第一、二指节之间以及二、三指节之间。
相移：	昼夜生物节律上限相(最大值)及时地移动，表明正出现生理的适应。变化量可通过相角测量，这个指标可用来测定一个人对外在因素的适应能力，如轮班工作。
体力费力：	用肌肉来完成一项工作任务。费力的大小与肌肉的数量、肌肉的插动强度及工作时间有关。在没有明显的环境和情绪压力条件下，可通过静息水平以上的氧耗量和心率的增加来评价它。
人群的思维定型：	一种可预料的行为次序，或者大多数人期待的，完成某个事情的方式。例如：顺时针方向旋转电钮，预期升高这个设备的值，倘若旋转降低该值，这种设计将违反人们的思维定型。
姿势：	身体部分相对应的安排或位置，尤其是在工作中四肢、躯干、头的取向。姿势能影响生产率，因为静态肌肉负荷能减少一个人所能持续从事的劳作。
预期显示：	一种方法，通过这种方法，操作者能看到系统将要发生的事的一些结果。这些显示可以是符号，也可以是图片，而且能预知系统输入信息、设备输出结果或两者都有。这可提供提前的信息，让操作者能预计下一步行动的需要。
生产机器：	一台设备或连锁的机器系统，它能实现特殊的功能如制造或包装产品。通常机器上有几个工作站，在此可装载原料、完成检查或清除障碍使其运转顺利。
生产率：	根据工人或资金的数量，一个工作班所完成的合格产品的数量。在制造业中，常表示为每个操作者生产的合格零部件的数量，或每组装一件部件所需要的时间。生产率受劳动者的素质、动机、工作地点和工作设计、监管体制及环境因素的影响。
旋前：	关节朝前和朝身体中线的旋转，对手和臂而言，使手掌朝下，拇指朝向身体。
近端：	离起始点最近：指离身体的中线最近。指骨的近端即手掌的最近的指关节。
心理学：	研究人的心理和行为的学科。
心理意识运动能力：	直接由脑力过程引起的肌肉的动作，如同在组装工作中工具的协调操作。
心理运动性工作任务：	需要技巧和协调的肌肉活动，时常也需要位觉，如手和眼的协调。大多数轻度组装工作需要心理运动技巧。
心理物理测量手段：	收集数据的量表，以此量表通过尝试评估某个物体的重量或重要性。其重量可上下调节直到满足某个标准，如在整个工作班，每分钟能够将物体搬举4次。可接受负荷的选择取决于很多因素的综合情况。

心理物理测量方法：	一种标准化的技术，用于表达人所评估的刺激物，或者来记录判断的结果。原本用于决定物理刺激与感觉反应的函数关系，但现在得更广泛。
社会心理的：	指那些既产生心理效应又产生社会影响的因素。如下午班和夜班延时会使工人与孩子疏远，因为工人回家后，孩子要么在学校，要么已经睡了。这就产生社会孤立感，而且经常伴有挂念或罪责的心理反应。社会心理因素是是否接受各种轮班制度的主要决定性因素。
定量显示：	提供数值的显示。与仅给出描述性信息的显示（定性显示）相区别。
桡侧偏移：	手（手掌伸开）向拇指侧移动。
手柄半径：	手柄弯曲的量，它决定搬举或持握物体时与手接触的表面积。手柄半径越小，在支撑或持握物体越感不适，尤其随物体重量增加，更是如此。
恢复时间：	工作任务轻那段工作时间或规定的休息时间，使得工人能从重体力劳动或从接触不良的环境因素（比如高温）得到缓解。
重新设计：	计划改变现有的工作场所和生产设备，使其适合于更多的劳动者。也可以说是，重新审核工作需求及其存在方式。与初次设计时就运用工效学原则相比，重新设计是一个昂贵的办法。
人的可靠性：	在失误最少的情况下从事工作的能力。可靠性随着工作任务复杂性、工作负荷以及环境影响的增加而减小。
重复运动疾患：	肌骨骼或神经的一类疾病或症状。它的发生与重复性工作任务有关，此间要求手指费力地活动，或者手、腕、肘和肩偏移或旋转。这种疾患也叫蓄积性损伤疾患（CTDs）。例如：肌腱炎、腱鞘炎、腕管综合征、肘上髁炎、滑囊炎。
重复性应激（或负荷）损伤：	蓄积性损伤疾患（CTDs）的另一种说法。
其余时间：	用于原本体力活动以外的时间。通过专门分析可识别它。
阻力：	一种反作用力，如搬举时为克服物体重量，肌肉所产生的力。
反应：	①生理学的——肌肉收缩，腺体分泌或一个人周刺激引起的其他活动；②心理学的——随着外在或内在的刺激而引起的一种行为反应，经常是动作和语言的反应。
休息余量：	除了通常规定的工间休息以外的休息时间。一般给重体力劳动或极端环境下工作的人这样的休息时间。工作准则应包括它，这样生产力分析可识别那些工作对额外休息时间的需求。
休息停顿：	个别肌群或关节没有参与劳作的一个很短的期间。
机器人学：	使用具有计算机程序的机器来替代人从事那些高重复性工作或在恶劣环境下的工作。
矢状面：	平行于把身体分成左右两半的正中矢状面的任何平面，用来描述用两只手从事的对称性搬举工作任务。
饱和度：	在同样亮度情况下，某种着色与灰色差别的程度，它可以在规定的尺度范围测量，即0%（灰色）~100%。
辅助工作：	与主要工作有关的活动，但与工作中的生产率没有直接联系。它包括原料的获得，与监管人员或职员讨论产品质量或调整设备。
筛检测试：	采用操作或能力测试来决定工人是否适合从事高于平均能力需求的工作。若以此作为雇佣和晋升的筛选，则要证实该筛选测试对工作需求是有效的。
感觉：	由刺激感官引起的主观反应。
设备设计使用原则的次序：	控制器和显示器的摆放原则，以便这些按顺序使用的设备能够按它们各自的操作顺序安置，如在一个控制台上。
构型编码：	变化控制器的构型使它们相互区别。构型编码足够有效的，因为这种差别能被看到和感觉到。控制器的形状将暗示它的作用，应该不仅裸手，而且戴上手套也能区别它。
剪力：	在切线上施加于某表面的力。参见压力（Compressive Force）。
片状产品：	一种非常宽，非常长但很薄的产品，如黏合板、玻璃板、纸片和纸板。由于形状的原因，需要通过捏和抓的方式搬运它们，通常要求机械手臂张开得很宽。
短期：	持续或要求相对短的期间。
短期记忆：	将最近收到的信息储存数秒或数分钟。
信号：	描述工作过程某个方面的一个事件，操作者应能感觉到它，并做出反应。它可以是一个听觉信号如警钟，也可以是视觉信号如闪光，在检验作业时多提示产品缺陷。
模拟：	一套测试条件，旨在复制操作现场和使用环境。这是一种很好的技术，来帮助工作场所或一件新设备的设计者预见人类因素的问题。
工作分析中的情境因素：	那种非工作自身固有的工作性质（而是由外在的因素所致）。例如：监管体制、管理政策和生产期限。
技巧获得：	在与实践、经验及其他学习有关的那种精神运动性工作，熟练操作的获得。
镜面反射：	从镜面散射的光线，这种反射光线不是杂乱无章的。镜面反射也称规则反射或单一反射。
交谈干扰水平：	在有噪声时，比较谈话效率所采用的一个粗略的测量单位。它是取中心频率500Hz、1000Hz、2000Hz的3个倍频程噪声分贝值的平均值。

静态肌肉作业：	在没有运动情况下，肌肉的收缩，也称等长作业。站立就是静态姿势作业的一个例子，抓或握是静态手工作业。一些肌肉静态作业时其他的肌肉正在做动态作业。以静态收缩的力乘以其持续时间，可评估静态作业。也参见等长肌肉作业。
静态：	人体在休息或受力平衡时的生物力学状态。
身高：	从头顶到地板的垂直距离，受试者正确站立，直视前方。
稳态：	在整个期间内，不发生改变的状态或条件，一种平衡状态。在劳动生理学，它指通过呼吸、心率和血流的适当调整来满足肌肉对氧的需求。稳定的生理状态特点在于：除非工作负荷非常重，心率在整个期间保持稳定。
刺激：	激活感受器的内在或外在的能量。
应激：	负荷的标志，如心率和氧耗量。也可以是部分身体的变形，例如手指受力增加时的变形。
负荷：	①在压强（每单位面积上的力）升高的作用下，身体某部分发生变形。②生理、心理或精神负荷的效应，使人疲劳，个人工作能力下降。
亚最大有氧能力测试：	从不包括最大劳动负荷的一个多级测试中预测一个人的最大有氧能力。
旋后：	关节向后并离开身体中线的旋转。对手和臂而言，是手掌向上，拇指远离身体。
周围亮度：	与视觉工作区域紧密相邻的某个区域的亮度。
易感性：	在负荷作用下，一个人发生疾病以及虚弱的趋势。例如：某些人与其他人相比更易患腰背痛或重复运动性疾患。易感性的原因还不清楚，可能与遗传、营养或发育有关。
系统：	能够执行和支持某种功能的设备、技巧和技术的组合，包括所有有关的设施、仪器、原料、服务和人员。
系统分析：	对操作系统中所有要素间的动态的或功能的联系的识别。
系统工程学：	对一个系统的研究和计划，在设计之前，已充分地确定系统各部分的联系。此外，它也包括改善现有系统的研究。
系统方法：	考虑整个过程而非孤立部件，对制造、原料运送或其他系统的设计。例如：设计原料运送系统来减少多次重复的运送，用传送带系统在工作站之间运输产品，采用连续的（电子）记录来追踪产品同时减少纸张的消耗。
工作任务：	在工作周期内执行的一组有联系的工作成分，它们有一个共同目标。包括个人完成一定工作所要求的各种活动如鉴别、决策和检测。
工作任务分析：	按时间测量工作时的行为的分析过程，用来确定工作对工人生理和心理上的要求。它包括测量、加班、工人详细的操作、其相互作用、环境条件和故障的影响。在每一项工作任务，根据工作要求（物理性）、知觉、决策、记忆储存、运动技能及预期的错误来描述行为过程。数据可用来制定设备设计和人员培训的标准。
工作要素：	在完成一项工作任务中，个人从事的、最小的及可识别的一系列认知、决策和反应。一个操作者监视荧光屏，启动某个控制同时观察它的反应是否产生相应的效果，这是工作要素的一个例子。
音色：	听觉的一种属性，听者由此可区分两种响度和音高相同，而音调质量不同的声音。
分时计算：	操作者在同时或几乎同时完成的认知、决策或在活动和工作反应时间的分开计算。例如，操作生产机器通常包括装载、监测、查看产品质量以及修理和调整。按照保持设备顺利运转的需要，这些括动是可以分时计算的。
培训：	教导、计划的事项和有指导的活动，个人由此可获得或强化新的概念、知识、技巧、习惯或者态度。这考虑到履行既定职责时最大的可靠性、有效性、一致性、安全性和经济性。
透光度：	光透过某一物质（如塑料）的百分比，以光投射在某物质表面的量作为分母。选择性透光度是特定波长的光穿过透明的或半透明的物质（如红色滤波器）的过程。
横向（运动）：	在垂直于身体中线轴的平面，横过身体前方的运动。中线轴将身体分为左右两半。
尺侧偏移：	手向小指边运动（手掌伸开）
试验的可靠性：	某项试验能够测试它原本计划的东西的程度。它用试验得分与基准测量指标的有关系数表示。基准测量指标可以是实际工作中的操作状况。
视频分析：	工效学中，用录像来记录和测量工作中人的活动，这种技术在以下情况非常有用：确定关节角度、静态肌肉负荷时间及那种需要测量但很难测量的姿势。
视角：	从眼到被观察物表面的连线形成的角度。
警觉性：	需要视觉和听觉连续观察的一种活动。它也是个体在观察时间内，察觉频率变动的信号的能力。
视敏度：	在不同的距离观看物体细节的能力。是视角的倒数（以弧度表示），且为最小可分别的细节所占据。
视野：	头和眼不动时所看到的空间范围。或在某一规定时间内，作用在不动的眼上的所有视觉刺激。
白噪声：	不同波长声波的混合体形成的噪声，这些声波以不均匀、随机的形式互相加强或抵消。频谱密度实际上与频率范围无关。
全身性劳动：	用身体大多数肌肉来完成劳动任务。累及腿和臀的大的肌肉，也包括躯干、上肢、肩的肌肉，位于地面

	上75cm (30in) 以下的工作则要求全身性劳动。
工作:	对人所做出的努力的一种表述, 这种努力用物理单位或者用劳作结果测量。它也是工作任务的概述。
工作周期:	整个系列的动作和事件, 它刻画或描述整体工作任务或单个操作。
工作节奏:	工作任务或活动进行的速率, 可由外在因素决定工作的节奏, 如机器速率、生产线上其他人的速率或由工人自身的速率确定。
劳动生理学:	研究人体对体力和脑力劳作的反应的科学。包括心血管、呼吸、神经、尤其是肌肉骨骼系统负荷的测量。
工作场所:	人工作的物理性区域。包括桌、柜、椅、控制和显示器、照明和其他环境条件。
工作休息周期:	一种工作方式, 它将高要求的工作与较轻的作业或休息搭配、高强度劳动与休息之比 (以各自的时间测定) 对疲劳有较大影响。
工作休息比率:	对特定的肌群或关节而言, 其活动时间与总工作周期 (时间) 的比。
工作空间:	人工作的物理空间。
工作空间布局:	工作站的工作空间的设计, 提供各方面的需求: 座位、人身体活动、操作的维持、人和机器以及人与人之间适当的交流。
工作研究:	对工作方法、技术和步骤的分析。

附录 B 人机工程学设计主要国家标准

这些标准学习者可以在互联网、书店、图书馆等处查找。

关于人的因素:	GB/T 5703—1999 用于技术设计的人体测量基础项目
	GB/T 5704—2008 人体测量仪器
	GB/T 10000—1988 中国成年人人体尺寸
	GB/T 2428—1998 成年人头面部尺寸
	GB/T 16252—1996 成年人手部号型
	GB/T 13547—1992 工作空间人体尺寸
	GB/T 12985—1991 在产品设计中应用人体尺寸百分位数的通则
	GB/T 15759—1995 人体模板设计和使用要求
	GB/T 14779—1993 坐姿人体模板功能设计要求
	GB/T 14777—1993 几何定向及运动方向
	GB/T 17245—2004 成年人人体惯性参数
	GB/T 15241—1994 人类工效学 与心理负荷相关的术语
	GB/T 15241.2—1999 与心理负荷相关的工效学原则 第2部分: 设计原则
关于色彩显示设计:	GB/T 5698—2001 颜色术语
	GB/T 3977—2008 颜色的表示方法
	GB/T 15608—2006 中国颜色体系
	GB 2893—2001 安全色
	GB 14778—1993 安全色光通用原则
	GB/T 8417—2003 灯光信号颜色
关于听觉显示设计:	GB/T 1251.1—2008 人类工效学 公共场所和工作区域的险情信号 险情听觉信号
	GB/T 1251.2—2006 人类工效学 险情视觉信号 一般要求、设计和检验
	GB/T 1251.3—2008 人类工效学 险情和信号的视听信号体系
	GB 12800—1991 声觉 紧急撤离听觉信号
关于操纵控制设计:	GB/T 14775—1993 操纵器一般人类工效学要求
	GB/T 14777—1993 几何定向及运动方向

关于计算机交互界面设计：　GB/T 16260—1996 信息技术　软件产品评价　质量特性及其使用指南
　　　　　　　　　　　　　GB/T 18976—2003 以人为中心的交互系统设计过程
　　　　　　　　　　　　　GB/T 21051—2007 人-系统交互工效学　支持以人为中心设计的可用性方法
　　　　　　　　　　　　　GB/T 189788.1—2003 使用视觉显示终端 (VDTS) 办公的人类工效学要求　第1部分: 概述
　　　　　　　　　　　　　GB/T 18978.2—2004 使用视觉显示终端 (VDTS) 办公的人类工效学要求　第2部分: 任务要求指南
　　　　　　　　　　　　　GB/T 18978.10—2004 使用视觉显示终端 (VDTS) 办公的人类工效学要求　第10部分: 对话原则
　　　　　　　　　　　　　GB/T 18978.11—2004 使用视觉显示终端 (VDTS) 办公的人类工效学要求　第11部分: 可用性指南
　　　　　　　　　　　　　GB/T 20527.1—2006 多媒体用户界面的软件人类工效学　第1部分: 设计原则和框架
　　　　　　　　　　　　　GB/T 20527.3—2006 多媒体用户界面的软件人类工效学　第3部分: 媒体选择与组合
　　　　　　　　　　　　　GB/T 20528.1—2006 使用基于平板视觉显示器工作的人类工效学要求　第1部分: 概述

　　　　　　关于座椅设计：　GB/T 14774—1993 工作座椅一般人类工效学要求

　　　　关于作业空间设计：　GB/T 14776—1993 人类工效学　工作岗位尺寸设计原则及其数值
　　　　　　　　　　　　　GB/T 18717.1—2002 用于机械安全的人类工效学设计
　　　　　　　　　　　　　　　　　　　　第1部分: 全身进入机械的开口尺寸确定原则
　　　　　　　　　　　　　GB/T 18717.2—2002 用于机械安全的人类工效学设计
　　　　　　　　　　　　　　　　　　　　第2部分: 人体局部进入机械的开口尺寸确定原则
　　　　　　　　　　　　　GB/T 18717.3—2002 用于机械安全的人类工效学设计
　　　　　　　　　　　　　　　　　　　　第3部分: 人体测量数据

　　　　关于作业环境设计：　热环境:
　　　　　　　　　　　　　GB/T 18048—2008 热环境　人类工效学代谢率的测定
　　　　　　　　　　　　　GB/T 17244—1998 热环境　根据WBGT指数 (湿球黑球温度) 对作业人员热负荷的评价
　　　　　　　　　　　　　GB/T 18977—2003 热环境人类工效学　使用主观判定量表评价热环境的影响
　　　　　　　　　　　　　GB/T 18049—2000 中等热环境　PMV和PPD指数的测定及热舒适条件的规定
　　　　　　　　　　　　　GB/T 5701—2008 室内热环境条件
　　　　　　　　　　　　　GBZ1—2002 工业企业设计卫生标准
　　　　　　　　　　　　　GB 50019—2003 采暖通风与空气调节设计规范
　　　　　　　　　　　　　GB 934—1989 高温作业环境气象条件测定方法
　　　　　　　　　　　　　GB 935—1989 高温作业允许持续接触热时间限值
　　　　　　　　　　　　　GB/T 13459—2008 劳动防护服防寒保暖要求
　　　　　　　　　　　　　声环境:
　　　　　　　　　　　　　GB 3096—2008 声环境质量标准
　　　　　　　　　　　　　GB 12348—2008 工业企业厂届环境噪声排放标准
　　　　　　　　　　　　　GB 22337—2008 社会生活环境噪声排放标准
　　　　　　　　　　　　　照明环境:
　　　　　　　　　　　　　GB/T 12984—1991 人类工效学　视觉信息作业基本术语
　　　　　　　　　　　　　GB/T 12454—2008 视觉环境评价方法
　　　　　　　　　　　　　GB/T 5697—1985 人类工效学照明术语
　　　　　　　　　　　　　GB/T 5699—2008 采光测量方法
　　　　　　　　　　　　　GB/T 5700—2008 照明测量方法
　　　　　　　　　　　　　GB/T 5702—2003 光源显色性评价方法
　　　　　　　　　　　　　GB/T 3978—2008 标准照明体和几何条件
　　　　　　　　　　　　　GB/T 8415—2001 昼光模拟器的评价方法
　　　　　　　　　　　　　GB/T 13379—1992 视觉工效学原则　室内工作系统照明
　　　　　　　　　　　　　GB 50034—2004 建筑照明设计标准
　　　　　　　　　　　　　GB/T 50033—2001 建筑采光设计标准
　　　　　　　　　　　　　GB 7793—1987 中小学校教室采光和照明卫生标准

　　　　关于人机系统设计：　GB/T 16251—1996 工作系统设计的人类工效学原则

参考文献

[1] 赵江洪, 谭浩. 人机工程学教程[M]. 北京: 高等教育出版社, 2001.

[2] 丁玉兰. 人机工程学[M]. 北京: 北京理工大学出版社, 2000.

[3] 阮宝湘, 邵祥华. 工业设计人机工程[M]. 北京: 机械出版社, 2005.

[4] 童时中. 人机工程设计与应用手册[M]. 北京: 中国标准出版社, 2007.

[5] 吕杰锋, 陈建新, 徐进波. 人机工程学[M]. 北京: 清华大学出版社, 2009.

[6] 苏马德普提·陈格勒, 苏姗娜·罗杰斯, 托马斯·伯纳德. 柯达实用工效学设计[M]. 杨磊, 译. 北京: 化学工业出版社, 2007.

[7] 颜声远, 许青. 人机工程学与产品设计[M]. 哈尔滨: 哈尔滨工程大学出版社, 2003.

[8] 王继成. 产品设计中的人机工程学[M]. 北京: 化学工业出版社, 2004.

[9] 严扬. 人机工程学设计应用[M]. 北京: 中国轻工业出版社, 1993.

[10] 周美玉. 工业设计应用人类工效学[M]. 北京: 中国轻工业出版社, 2001.

[11] 曹琦. 人机工程设计[M]. 成都: 西南交通大学出版社, 1988.

[12] 郭青山, 汪元辉. 人机工程设计[M]. 天津: 天津大学出版社, 1994.

（2008级同学在做人机调查）

作者简介：

现任教于鲁迅美术学院工业设计系。

1999年本科毕业于鲁迅美术学院工业设计系。

1999—2001年任教于辽宁工学院。

2001年研修于德国雷曼教授的造型基础WORKSHOP。（清华大学美术学院）

2003年研究生毕业于鲁迅美术学院工业设计系，同年任教于鲁美工业设计系。

2006年参加美国罗得岛美术学院国际课程研修（美国·普罗维登斯）。

作者论文：

2011年2月　　《产品设计的形态构建原则研究》发表于《首届中国高校美术与设计论坛论文集》。

2011年8月　　《从"火花"到"火焰"》发表于《美术教育研究》。

2011年8月　　《医院导视系统设计研究》发表于《美术大观》。

2011年9月　　《工业设计认知行为研究》发表于《美术教育研究》。

2011年10月　《辽宁装备制造业产品设计与创新方法研究》发表于《美苑》。

作者著作：

2010年6月　　《工业设计教程》之第一卷、第二卷，辽宁美术出版社。

2011年12月　《工业设计模型制作》，中国水利水电出版社。

作者获奖：

2004年8月　　《R90-11轻型直升飞机》　　第十届全国美术作品展览　铜奖

2007年3月　　《奇"E"镜》　　　　　　　"张江杯"全国工业设计/视觉设计大赛优秀奖

2007年12月　《饺子随身行》　　　　　　全国高校旅游纪念品设计大奖导师奖

2007年12月　《太极.MRI》　　　　　　　华人创新设计华典奖之优秀奖

2008年8月　　《悬臂式掘进机设计》　　　首届辽宁省艺术设计作品展银奖

2009年12月　《"云轨"——电动高架车》　辽宁美术金彩奖银奖

2009年12月　《"云轨"——电动高架车》　第十一届全国美术作品展览　铜奖

2010年9月　　《偏远农村医务车》　　　　辽宁省第二届艺术设计作品展　金奖

2011年11月　《90 Degree》　　　　　　reddot design award　　（德国红点概念设计奖）

作者专利：

2010年8月4日　外观设计：X射线机　　　专利号：ZL200830353940.4